（a）

（b）

图 1-7　图像对比度处理前后的效果对比

（a）原始图像；（b）对比度降低后的图像

（a）

（b）

图 1-8　图像尺寸处理前后的效果对比

（a）原始图像；（b）缩小尺寸后的图像

（a）

（b）

图 1-9　图像细微层次处理前后的效果对比

（a）原始图像；（b）减少细微层次后的图像

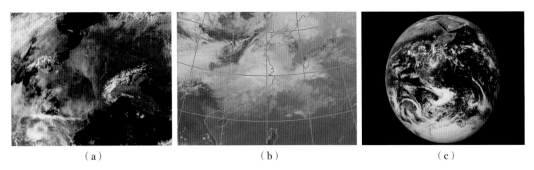

图 1-15　数字图像处理在遥感航天领域的应用

（a）遥感图片；（b）气象云图；（c）地球资源勘探

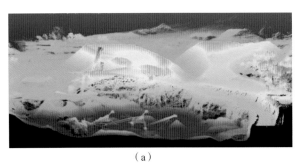
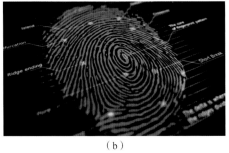

图 1-17　数字图像处理在安全领域的应用

（a）经处理后形成的立体地形图；（b）指纹自动识别

图 1-18　数字图像处理的其他应用

（a）创意图片；（b）广告设计

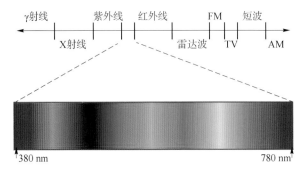

图 2-4　可见光谱

（a）   （b）

图 2-6　图像亮度处理前后的效果对比

（a）原始图像；（b）降低亮度后的图像

（a）   （b）

图 2-7　图像饱和度处理前后的效果对比

（a）原始图像；（b）降低颜色饱和度后的图像

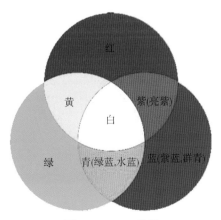

图 2-8　RGB 模型

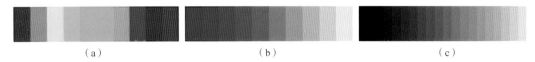

（a） （b） （c）

图 2-10 色调、饱和度和亮度变化示意

（a）色调改变；（b）饱和度由高到低；（c）亮度由低到高

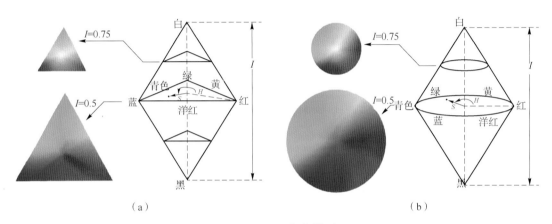

（a） （b）

图 2-11 HSI 颜色模型

（a）双六棱锥 HSI 模型；（b）双锥体 HSI 模型

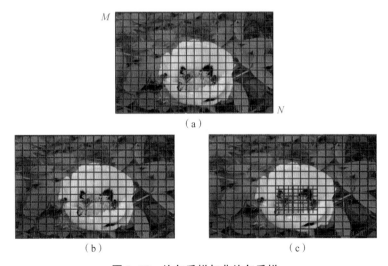

（a）

（b） （c）

图 2-12 均匀采样与非均匀采样

（a）采样示意；（b）均匀采样；（c）非均匀采样

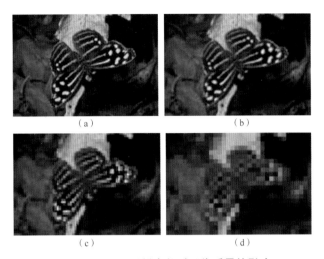

图 2-15　不同采样点数对图像质量的影响

（a）原始图像（256×180）；（b）采样图像 1（133×90）；（c）采样图像 2（66×45）；（d）采样图像 3（33×22）

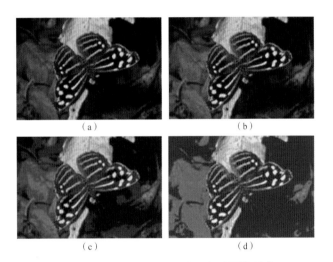

图 2-17　不同量化级别对图像质量的影响

（a）原始图像（256 灰度级）；（b）量化图像 1（16 灰度级）；

（c）量化图像 2（8 灰度级）；（d）量化图像 3（4 灰度级）

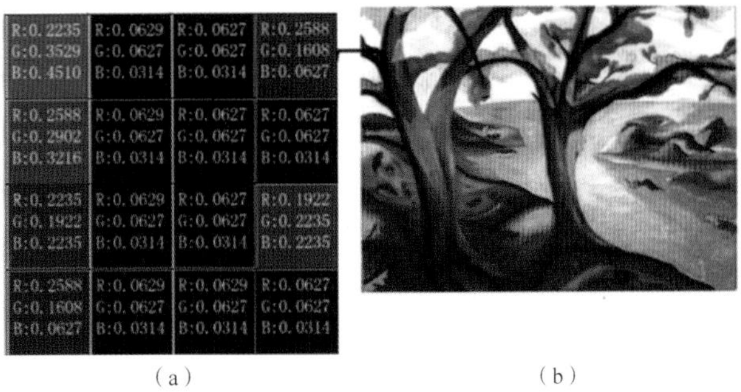

图 2-22　RGB 图像

（a）RGB 值；（b）图像

（a）　　　　　　　　　　　（b）　　　　　　　　　　　（c）

图 3-15　加法计算生成图像叠加效果图

（a）原始图像 1；（b）原始图像 2；（c）叠加图像

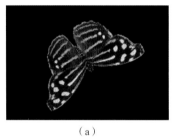 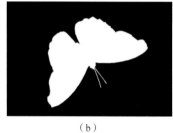 

（a）　　　　　　　　　　　（b）　　　　　　　　　　　（c）

图 3-18　乘法计算效果图

（a）乘法计算；（b）二值蒙板图像；（c）原始图像

（a）　　　　　　　　　　　（b）

图 3-25　非运算获得一个阴图像

（a）原始图像；（b）阴图像

 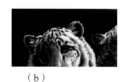

（a）　　　　　　　　　　　（b）

图 3-28　图像平移前后的效果对比

（a）原始图像；（b）平移后图像

（a） （b）

图 3-30　图像水平镜像前后的效果对比

（a）原始图像；（b）水平镜像后的图像

（a） （b）

图 3-32　图像垂直镜像前后的效果对比

（a）原始图像；（b）垂直镜像后的图像

（a） （b）

图 3-33　图像转置前后的效果对比

（a）原始图像；（b）转置后的图像

（a）　　　　　　　　　　　（b）

图 3-41　图像几何变形（扭曲图像校正）前后的效果对比

（a）扭曲图像；（b）校正图像

（a）　　　　　　　　（b）　　　　　　　　（c）

（d）　　　　　　　　（e）　　　　　　　　（f）

图 4-16　动作数据集部分展示

（a）小跑；（b）快跑；（c）单膝跳；（d）抬手；（e）开合跳；（f）双腿跳

（a）　　　　　　　　（b）　　　　　　　　（c）

（d）　　　　　　　　（e）　　　　　　　　（f）

图 4-18　预处理结果

（a）小跑；（b）快跑；（c）单膝跳；（d）抬手；（e）开合跳；（f）双腿跳

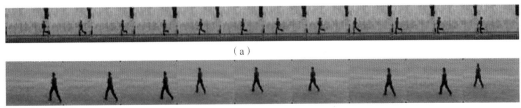

（a）

（b）

图 4-21　动作识别结果

（a）小跑动作识别；（b）快跑动作识别

（a）　　　　　（b）

图 4-24　监控视频中运动模糊帧

（a）原视频帧；（b）运动模糊视频帧

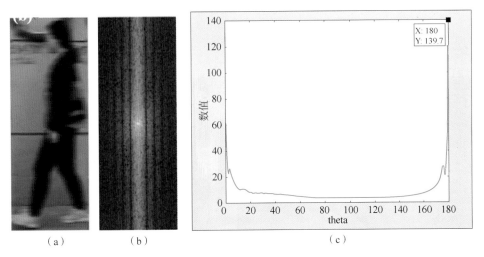

（a）　　　　（b）　　　　　　　（c）

图 4-29　相同图像不同域空间展示

（a）运动模糊视频帧；（b）幅度谱图像；（c）RADON 变换折线图

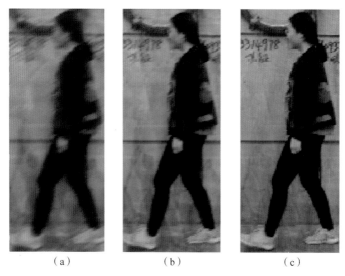

图 4-30　不同信噪比下视频帧复原图像

（a）信噪比 0.01；（b）信噪比 0.001；（c）信噪比 0.000 1

图 5-20　伪彩色增强前后的效果对比

（a）原始图像；（b）伪彩色增强后的图像

图 5-23　假彩色增强后的图像

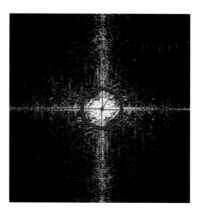

图 5-24　傅里叶变换

（a） （b）

图 5-27 同态滤波前后的效果对比

（a）原始图像；（b）同态滤波增强后的图像

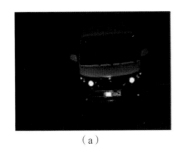

（a） （b）

图 5-30 直方图均衡化前后的效果对比

（a）原始图像；（b）直方图均衡化后的图像

（a） （b）

图 5-31 直方图规定化前后的效果对比

（a）原始图像；（b）直方图规定化后的图像

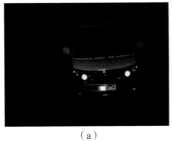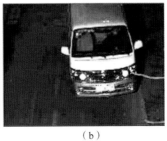

（a） （b）

图 5-35 线性灰度变换前后的效果对比

（a）原始图像；（b）线性灰度变换后的图像

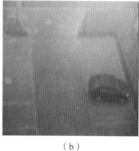

（a）　　　　　　　　　　　（b）　　　　　　　　　　　（c）

图 5-37　图像直方图均衡化前后、去雾前后的效果对比

（a）原始图像；（b）直方图均衡化后的图像；（c）Retinex 算法去雾后的图像

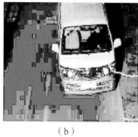

（a）　　　　　　　　　　　（b）　　　　　　　　　　　（c）

图 5-38　低照度图像增强前后的效果对比

（a）原始图像；（b）直方图均衡化后的图像；（c）Retinex 低照度图像增强后的图像

（a）　　　　　　（b）　　　　　　（c）　　　　　　（d）

图 6-3　添加高斯噪声前后的效果对比

（a）RGB 原图；（b）添加高斯噪声后的 RGB 图像；（c）灰度图原图；（d）添加高斯噪声后的灰度图

（a）　　　　　　（b）　　　　　　（c）　　　　　　（d）

图 6-7　添加泊松噪声前后的效果对比

（a）RGB 原图；（b）添加泊松噪声后的 RGB 图像；（c）灰度图原图；（d）添加泊松噪声后的灰度图

（a） （b） （c） （d）

图 6-8　添加乘性噪声前后的效果对比

（a）RGB 原图；（b）添加方差默认值的乘性噪声后的 RGB 图像；
（c）添加方差为 0.2 的乘性噪声后的 RGB 图像；（d）添加方差为 10 的乘性噪声后的 RGB 图像

（a） （b） （c） （d）

图 6-9　添加椒盐噪声前后的效果对比

（a）RGB 原图；（b）添加密度 $d=0.05$ 的椒盐噪声后的 RGB 图像；
（c）添加密度 $d=0.2$ 的椒盐噪声后的 RGB 图像；（d）添加密度 $d=0.5$ 的椒盐噪声后的 RGB 图像

（a） （b） （a） （b）

图 6-26　几何校正前后的效果对比　　　图 6-27　图像缩小

（a）原图；（b）校正图　　　　　　　（a）原图；（b）缩小 50% 后的图

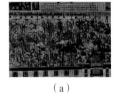
（a）

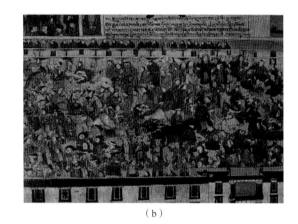
（b）

图 6-28　图像放大

（a）原图；（b）放大 150% 后的图

（a）

（b）

图 6-29　图像裁剪

（a）原图；（b）裁剪图

（a）

（b）

图 6-30　复原效果对比图 1

（a）原图；（b）维纳滤波复原图

（a）　　　　　　　　　（b）　　　　　　　　　（c）　　　　　　　　　（d）

图 6-31　复原效果对比图 2

（a）原图；（b）对亮度和饱和度处理效果图；

（c）对 RGB 每个通道处理效果图；（d）对 YCbCr 亮度处理效果图

（a）　　　　　　　　　　　（b）

图 6-32　复原效果对比图 3

（a）原图；（b）复原图

（a）　　　　　　　（b）　　　　　　　　（a）　　　　　　　（b）

图 6-33　复原效果对比图 4　　　　　　**图 6-34　复原效果对比图 5**

（a）原图；（b）复原图　　　　　　　　（a）原图；（b）复原图

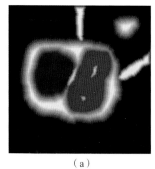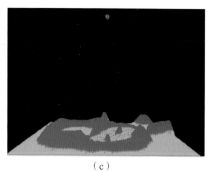

（a） （b） （c）

图 8-12　灰度图与地形图映射关系

（a）灰度图；（b）地形图；（c）灰度图的地形图显示

（a） （b）

图 9-21　灰度变换前后的效果对比

（a）原始视频帧；（b）灰度变换后的视频帧

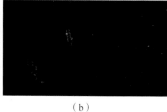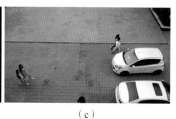

（a） （b） （c）

图 9-23　目标检测效果对比

（a）原始视频帧；（b）帧间差分法检测效果；（c）HOG+SVM 方法检测及简单跟踪效果

（a） （b）

图 9-24　目标跟踪效果

（a）前一帧检测效果；（b）后一帧检测效果

数字图像处理技术及应用

张云佐　编著

北京理工大学出版社
BEIJING INSTITUTE OF TECHNOLOGY PRESS

内 容 简 介

数字图像处理技术是利用计算机对图像进行分析、加工、处理以满足人们视觉或应用需求的技术，它可以将图像处理得更加符合人眼视觉感知，让信息以一种更加直观、明了的形式呈现在人们面前。

本书简化数学推导过程，附以简洁明了的文字解释，理论与实例应用紧密结合，设置配套习题，将编程能力和系统设计能力作为培养的重点，便于读者快速掌握数字图像处理技术的基本理论与方法、实用技术及典型应用。此外，作者结合课题组近五年的研究成果，对相关章节内容进行了知识点和应用方面的拓展，加深读者对基础知识的理解，拓宽读者视野。

本书可作为本科信息类专业学生的数字图像处理教材，可为数字图像处理领域的科研工作者们提供参考，也可作为数据挖掘、人工智能等新兴专业的研究生教学用书。

图书在版编目（CIP）数据

数字图像处理技术及应用／张云佐编著. --北京：
北京理工大学出版社，2021.11
　　ISBN 978-7-5763-0734-4

　　Ⅰ.①数…　Ⅱ.①张…　Ⅲ.①数字图像处理-高等学
校-教材　Ⅳ.①TN911.73

　　中国版本图书馆 CIP 数据核字（2021）第 248020 号

出版发行／北京理工大学出版社有限责任公司
社　　　址／北京市海淀区中关村南大街 5 号
邮　　　编／100081
电　　　话／（010）68914775（总编室）
　　　　　　（010）82562903（教材售后服务热线）
　　　　　　（010）68944723（其他图书服务热线）
网　　　址／http：//www.bitpress.com.cn
经　　　销／全国各地新华书店
印　　　刷／河北盛世彩捷印刷有限公司
开　　　本／787 毫米×1092 毫米　1/16
印　　　张／14
彩　　　插／8　　　　　　　　　　　　　　　　　　责任编辑／江　立
字　　　数／355 千字　　　　　　　　　　　　　　文案编辑／李　硕
版　　　次／2021 年 11 月第 1 版　2021 年 11 月第 1 次印刷　　　责任校对／刘亚男
定　　　价／86.00 元　　　　　　　　　　　　　　责任印制／李志强

图书出现印装质量问题，请拨打售后服务热线，本社负责调换

前　　言

当下，我们正处于一个被信息充斥的时代，图像作为我们感知世界、记录世界的视觉基础工具给日常生活、工作带来了诸多便利，是我们获取信息、传达信息的重要途径。如何快速、准确地获取图像，感知其中的关键信息成为当前的研究热点，数字图像处理技术为此提供了有效的解决手段。

数字图像处理技术是利用计算机对图像进行分析、加工、处理以满足人们视觉或应用需求的技术。相比于雷达、卫星导航这些能够直接带来巨大社会效益的技术来说，数字图像处理技术更像是一种辅助技术，它可以将图像处理得更加符合人眼视觉感知，让信息以一种更加直观、明了的形式呈现在人们面前。成熟的数字图像处理技术已广泛应用于气象监测、卫星探测、医用检查、考古、航空航天、遥感图像处理、医学图像处理、通信图像处理、工业图像处理、军事、公安等诸多领域，彰显出其巨大的潜在应用价值。随着计算机软、硬件水平的快速发展，数字图像处理技术的应用范围越来越广。人们要想准确、实时地采集图像，且确保图像的质量和清晰程度，离不开数字图像处理技术的强大支撑。

现存的数字图像处理类书籍大都内容繁多、理论复杂，晦涩难懂的公式推导占据很大篇幅，无法匹配当下高校课时日益压缩的现状，理论与实践分离也不利于学生综合能力的培养。为此，本书简化其数学推导过程，附以简洁明了的文字解释，理论与实例应用紧密结合，设置配套习题，将编程能力和系统设计能力作为培养的重点，便于读者快速掌握数字图像处理技术的基本理论与方法、实用技术及典型应用。此外，作者结合课题组近 5 年的研究成果，对相关章节内容进行了知识点和应用方面的拓展，加深读者对基础知识的理解，拓宽读者视野。本书分 9 章来阐述数字图像处理及应用相关理论知识和技术应用。

第 1 章主要对图像处理的基础知识进行介绍，从图像及数字图像的概念、图像处理技术与图像工程及图像处理系统的构成等方面展开，对图像处理应用及其发展动向进行分析，为后续章节的学习奠定基础。

第 2 章首先介绍图像视觉基础，包括人眼视觉系统、成像原理以及人类的视觉特性等，然后对图像数字化、图像的表示及其数据结构、图像类型转换展开介绍，使读者了解和掌握数字图像处理的预备知识。

第 3 章归纳了典型的图像处理运算，包括像素点运算、图像几何变换和图像邻域运算，便于读者快速掌握数字图像处理的基本操作。

第 4 章详细分析图像处理中的傅里叶变换、离散余弦变换、离散沃尔什变换和小波变换，并给出图像频域分析算法在监控视频分析中的应用实例。

第 5 章系统梳理了各种图像增强算法，包含空域和频域中的图像增强以及彩色图像增强算法，并给出图像增强算法在安防领域的应用实例。

第 6 章主要对图像复原相关知识进行介绍，包括图像复原模型及方法、图像退化模型和几何失真校正等，并给出图像复原技术在文物修复中的应用实例。

第 7 章主要介绍图像压缩的基本原理、赫夫曼编码等图像编码算法，以及预测编码等知识，讲述静止图像和序列图像的压缩标准，并给出基于赫夫曼图像压缩重建的实例。

第 8 章从基于阈值的图像分割方法、基于边缘的图像分割方法和基于区域的图像分割方法 3 个方面对图像分割进行详细介绍，给出高铁钢轨表面缺陷图像分割系统的设计与实现的应用实例。

第 9 章通过图像处理基本操作整合系统、基于树莓派的人脸识别门禁系统和面向智慧社区的监控视频目标行为浓缩系统等经典应用案例将本书的各章内容贯穿起来，实现数字图像处理技术的综合运用。

本书涵盖了数字图像处理领域的典型算法与应用，融合了课题组近五年在数字图像处理、监控视频智能分析等领域的研究成果，这些研究成果都是在国家自然科学基金项目（项目号：61702347）、河北省自然科学基金项目（项目号：F2017210161）以及河北省教育厅科研基金项目（项目号：QN2017132）的支持下完成的，研究生郭亚宁、张嘉煜、李怡、郭凯娜、郭威、董旭、李汶轩、杨攀亮、李文博、郑婷婷、宋洲臣等参与了书稿的撰写与整理工作，在此表示衷心的感谢！

本书既有理论介绍，又有实践案例分析，可作为本科信息类专业学生的数字图像处理教材，可为数字图像处理领域的科研工作者们提供参考，也可作为数据挖掘、人工智能等新兴专业的研究生教学用书。

由于作者水平有限，加之时间紧迫，书中存在不妥与疏漏之处在所难免，恳请读者批评指正，并提出宝贵意见，以便进一步完善。

编者

目　　录

第1章

绪　论

数字图像处理方法的研究源于两个主要应用领域：其一是为了便于人们分析而对图像信息进行改进；其二是为使机器自动理解而对图像数据进行存储、传输及显示。数字图像处理在现代信息处理、国计民生中有不可替代的重要作用。作为全书的第1章，本章介绍有关图像的概念，包括数字图像的概念、图像处理的概念、数字图像处理的3个层次以及与其他相关学科的关系、数字图像处理的系统构成、数字图像处理的应用领域和发展动向等，本章节的内容框架图如图1-1所示。通过对本章的学习，希望读者建立起对图像、数字图像及数字图像处理的基本认识。

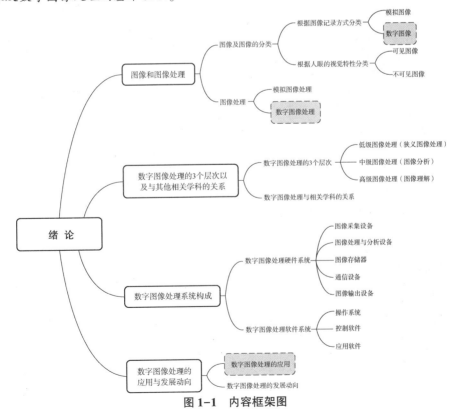

图1-1　内容框架图

学习目标：了解图像、图像处理及数字图像的基本概念，了解数字图像处理的 3 个层次、与其他相关学科的关系、系统构成、应用领域和发展动向。

学习重点：概念的理解、应用领域的了解。

学习难点：理解数字图像及数字图像处理。

1.1 图像和图像处理

图像是对客观对象的一种相似性的、生动性的描述或写真，在日常的学习生活中，图像是必不可少的组成部分。此外，图像是人们最主要的信息源。据统计，一个人获取的信息大约 75% 来自视觉。"百闻不如一见""一目了然"都反映了图像在信息传递中的独特效果。

图像可以分为模拟图像和数字图像两大类，随着数字采集和信号处理理论的发展，越来越多的图像以数字形式存储。因而，在有些情况下，"图像"一词实际上是指数字图像，本书主要探讨的也是数字图像的处理。

1.1.1 图像及图像的分类

"图"是物体投射或反射光的分布，"像"是人的视觉系统对图的接受在大脑中形成的印象或反映。图像是对客观对象的一种相似性的生动描述或写真，或者说是客观对象的一种表示，它包含了被描述对象的有关信息，即图像是客观和主观的结合。一幅图像是其所表示物体的信息的一个浓缩和高度概括，广义地讲，凡是记录在纸介质上的，拍摄在底片和照片上的，显示在电视、投影仪和计算机屏幕上的所有具有视觉效果的画面都可以称为图像。

1.1.1.1 模拟图像和数字图像

根据不同的记录方式可将图像分为模拟图像（Analog Image）和数字图像（Digital Image）。模拟图像是通过某种物理量（光、电等）的强弱变化来记录图像上各点的亮度信息的，如模拟电视图像；而数字图像则完全是用数字（即计算机存储的数据）来记录图像亮度信息的。

1.1.1.2 可见图像和不可见图像

根据人眼的视觉特性可将图像分为可见图像和不可见图像，如图 1-2 所示。其中，可见图像包括图片和光图像，图片包括照片、用线条画的图和画，光图像是用透镜、光栅和全息技术产生的图像；不可见图像包括不可见光成像（如红外线、微波等的成像）和不可见量按数学模型生成的图像（如温度、压力及人口密度等的分布图）。本书中的图像仅仅指图片范畴。

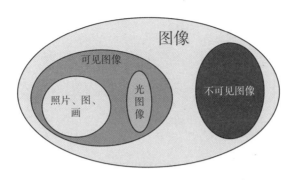

图 1-2　根据人眼视觉特性的图像分类

1.1.2　数字图像

　　数字图像又称数码图像或数位图像，是可以用数字计算机或数字电路存储和处理的图像，数字图像由模拟图像数字化[①]得到。数字图像以像素为基本元素，由数组或矩阵表示，其模型如图 1-3 所示。

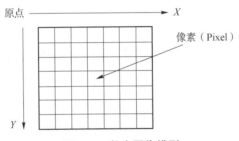

图 1-3　数字图像模型

　　像素指由一个数字序列表示的图像中的一个最小单位。简单地说，把模拟图像的画面分割成如图 1-3 所示的小方块，这些小方块都有一个明确的位置和被分配的色彩数值，一个小方块就是一个像素，或者可以将像素理解为整个图像中不可分割的单位或者元素，它是以一个单一颜色的小格子的形式存在的。

1.1.2.1　数字图像的表示——二维矩阵

　　数字图像的数据可以用矩阵来表示，因此可以采用矩阵理论和矩阵算法对数字图像进行分析和处理。如图 1-4 所示，左边的数字图像由 $M \times N$ 个像素构成，右边是数字图像对应的图像矩阵。其中，f 代表该像素的灰度值，下标代表像素的坐标位置，矩阵的行对应图像的高（单位为像素），矩阵的列对应图像的宽（单位为像素），矩阵的元素对应图像的像素，矩阵元素的值就是像素的灰度值。

　　由于数字图像可以表示为矩阵的形式，因此在计算机数字图像处理程序中，通常用二维数组来存放图像数据，如图 1-5 所示。二维数组的行对应数字图像的高，二维数组的列

---

　　① 为了从一般的照片、景物等模拟图像中得到数字图像，需要对传统的模拟图像进行采样与量化两种图像数字化操作，图像数字化详见 2.2.1 节。

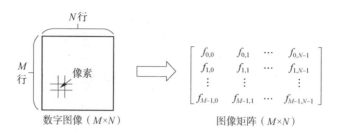

图 1-4　数字图像与图像矩阵

对应图像的宽，二维数组的元素对应图像的像素，二维数组元素的值就是像素的灰度值。采用二维数组来存储数字图像，符合二维图像的行列特性，同时也便于程序的寻址操作，使得计算机图像编程十分方便。

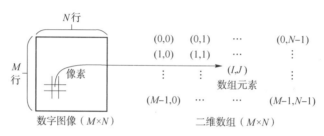

图 1-5　数字图像与二维数组

1.1.2.2　数字图像的质量

数字图像的质量评判标准分为主观效果评判和客观效果评判，主观效果评判评估的是图像的视觉效果，由个人感觉设定目的，评判标准和认定由主观者决定；客观效果评判是不由个人偏好和感觉作评判，而由大众或实际效果作最真实的效果评价，不夹杂个人感情。

1）主观效果评判

主观效果评判主要是评判图像的层次、对比度和清晰度，下面进行详细介绍。

（1）图像的层次：表示图像实际拥有的灰度级的数量，而图像灰度表示像素明暗程度的整数量。图像的层次越多，视觉效果就越好。

由图 1-6 可得，256 个层次的图像看起来非常顺滑，而 16 个层次的图像会看到有明显的条纹。

图 1-6　不同层次效果比较

（2）图像的对比度：指一幅图像中灰度反差的大小，是一幅图像中明暗区域最亮的白和最暗的黑之间不同亮度层级的测量，差异范围越大代表对比度越大，差异范围越小代表对比度越小。图像对比度处理前后的效果对比如图1-7所示，对比度越高，照片中暗的部分就越暗，亮的部分就越亮；对比度越低，照片中暗的部分就会偏亮，而亮的部分则会偏暗。对比度为最大亮度和最小亮度的比值。

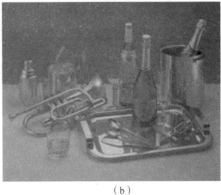

（a） （b）

图1-7 图像对比度处理前后的效果对比（附彩插）

（a）原始图像；（b）对比度降低后的图像

（3）图像的清晰度：由图像边缘灰度变化的速度来描述。与清晰度相关的主要因素有亮度①、对比度、尺寸、细微层次、颜色饱和度②等，下面对图像的尺寸和细微层次的概念进行阐述。

图像的尺寸指图像的大小，图像的长度与宽度以像素为单位或者以厘米为单位。简单地说，对图像尺寸的操作就是对图像大小的操作。图像尺寸处理前后的效果对比如图1-8所示，可见，图1-8（b）缩小为图1-8（a）的1/2。

（a） （b）

图1-8 图像尺寸处理前后的效果对比（附彩插）

（a）原始图像；（b）缩小尺寸后的图像

---

① 亮度是指发光体光强与光源面积之比，定义为该光源单位的亮度，即单位投影面积上的发光强度，亮度的单位是坎德拉/平方米（cd/m²）。详见2.1.2.1节。

② 详见2.1.2.1节。

图像的细微层次一般会随着网点线数的升高以及图像基本单元的变小而表达得更加精细。图像细微层次处理前后的效果对比如图1-9所示，可见，减少细微层次后的图像变得模糊。

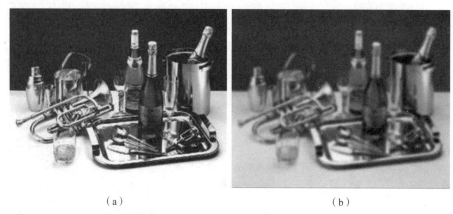

（a）　　　　　　　　　　　　　　　　（b）

图1-9　图像细微层次处理前后的效果对比（附彩插）

（a）原始图像；（b）减少细微层次后的图像

2）客观效果评判

图像质量的优劣既可以通过人眼的主观视觉效果来判断，也可以通过均方误差（MSE）和峰值信噪比（PSNR）来衡量，公式分别为

$$\text{MSE} = \frac{1}{NM} \sum_{i=1}^{N} \sum_{j=1}^{M} (f_{ij} - f'_{ij})^2 \tag{1-1}$$

$$\text{PSNR} = 10\log_{10}\frac{L^2}{\text{MSE}} \tag{1-2}$$

式中：N，M——x方向，y方向图像像素点的数量；

f_{ij}，f'_{ij}——原始图像和测试图像在(i, j)点上的取值；

L——图像中灰度取值的范围，对8 bit的灰度图像而言，$L = 256$。

1.1.3　图像处理

图像处理是对图像信息进行加工、处理和分析，以满足人的视觉、心理需要或者实际应用及某种目的（如机器识别）的要求。图像处理分为两大类：模拟图像处理和数字图像处理。

（1）模拟图像处理又称光学处理，主要采用连续数学的方法处理，处理方式很少，往往只能进行简单的放大、缩小等，并且模拟图像的保存性较差。例如，望远镜、显微镜、哈哈镜、透镜、胶片合成照相、凸透镜都属于模拟图像处理的范畴。其优点是实时处理，速度快；缺点是精度低，灵活度差，难有判断功能。

（2）数字图像处理又称计算机处理，是通过计算机对图像进行去除噪声、增强、复原、分割、提取特征等处理，从而达到某种预期的处理目的的方法和技术。随着数字技术和数字计算机技术的飞速发展，数字图像处理技术在近二十年的时间里，迅速发展成为一门独立的有强大生命力的学科，应用领域十分广泛。其优点是精度高、内容丰富、方法易变、灵活度高；缺点是处理速度较慢。数字图像处理的特点包括以下 3 个方面。

①再现性好：数字图像可多次复制，不失真，不退化。

②精度高：采样量化一定，多次处理可保精度。

③适用面宽：可处理抽象数据、可作非线性处理（光学只作线性处理）。

本书将在后续章节对数字图像处理相关内容展开详细介绍。

1.2 数字图像处理的 3 个层次以及与其他相关学科的关系

数字图像处理是一个多学科交叉的技术应用领域，计算机、通信、自动化、航空航天、生物医学（医学影像），另外，农学、林学、纺织业、考古学、地质学，甚至文学、语言学、教育学、心理学、法学、艺体等人文社科领域，都离不开图像处理技术，换句话说，任何人、任何行业和领域都离不开图像处理。

1.2.1 数字图像处理的 3 个层次

数字图像处理所包含的内容是相当丰富的，根据抽象程度不同，可分为 3 个层次：低级图像处理、中级图像处理和高级图像处理（狭义图像处理、图像分析和图像理解）。数字图像处理 3 个层次的关系示意如图 1-10 所示。

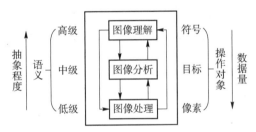

图 1-10 数字图像处理 3 个层次的关系示意（根据抽象程度和研究方法等的不同）

1) 低级图像处理（狭义图像处理）[①]

内容：低级图像处理主要对图像进行各种加工以改善图像的视觉效果或突出有用信息，并为自动识别打基础，或者通过编码以减少对其所需存储空间、传输时间或传输带宽的要求。

特点：输入是图像，输出也是图像，即图像之间进行的变换。

2) 中级图像处理（图像分析）

内容：中级图像处理一般利用数学模型并结合图像处理的技术来分析底层特征和上层结构，最终对图像中感兴趣的目标进行检测和测量，以获得它们的客观信息从而建立对图像的描述。图像分析是一个从图像到数据的过程，这里的数据可以是对目标特征检测的结

---

① 广义图像处理：涉及更广泛的内容，包括图像采集（光学系统、材料器件、工艺及传感器阵列等），传输（编码、通信），处理（清晰度、对比度等后续成像质量改善），分析与识别（分割、特征提取、描述、分类识别等）以及各种场合的技术应用等。

果或是基于测量的符号表示。图像分析侧重于对图像内容的分析、解释和识别，如医学肿瘤存在和尺寸的检测。

特点：输入是图像，输出是数据。

3）高级图像处理（图像理解）

内容：高级图像处理就是对图像的语义理解，它是以图像为对象，知识为核心，在图像分析的基础上，进一步研究图像中各目标的性质和它们间的相互关系，并得出对图像内容含义的理解以及对原来客观场景的理解，从而指导和规划行动的一门学科。例如，可以利用"图像理解"指导机器人下象棋、踢足球等。

特点：以客观世界为中心，借助知识、经验等来把握整个客观世界。输入是数据，输出是理解。

数字图像处理 3 个层次的区别和联系：狭义图像处理是低级操作，它主要在图像像素级上进行处理，处理的数据量非常大；图像分析则进入了中级，经分割和特征提取，把原来以像素构成的图像转变成比较简洁的、非图像形式的描述；图像理解是高级操作，它是对描述中抽象出来的符号进行推理，其处理过程和方法与人类的思维推理有许多类似之处。

1.2.2　数字图像处理与相关学科的关系

数字图像处理是一门交叉学科，其研究方法与数学、物理学（光学）、生理学、心理学、电子学、计算机科学相互借鉴，研究范围与计算机图形学、模式识别、计算机视觉相互交叉。

图 1-11 给出了数字图像处理 3 个层次的输入、输出内容与计算机图形学、模式识别、计算机视觉等学科的联系。图形学原本指用图形、图表、绘图等形式表达数据信息的科学，目前计算机图形学研究的内容是如何利用计算机技术由非图像形式的数据生成图像，和图像分析对比，两者的处理对象和输出结果正好相反。模式识别与图像分析比较相似，只是前者试图把图像抽象成用符号描述的类别，它们有相同的输入，不同的输出结果之间可较方便地进行转换。至于计算机视觉，它主要强调用计算机去实现人的视觉功能，其中涉及图像处理的许多技术，但目前的研究内容主要与图像理解相结合。

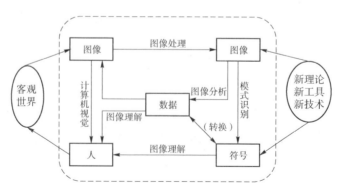

图 1-11　数字图像处理与相关学科的联系

由此看来，以上学科相互联系，相互交叉，它们之间并没有绝对的界限，虽各有侧重但又互为补充。另外，以上各学科都得到了人工智能、神经网络、遗传算法、模糊逻辑等新理论、新工具、新技术的支持，因此它们在近些年得到了快速的发展。

1.3　数字图像处理系统构成

数字图像处理系统是进行图像数字处理及其数字制图的设备系统，包括数字图像处理硬件和数字图像处理软件。图 1-12 是数字摄影过程示意，在使用数字照相机等图像数字化设备完成影像的拍摄任务之后，先要用计算机对图像进行修改和加工处理，然后使用图像打印机等图像输出设备将处理后的图像打印或冲印成照片，在数字摄影中使用的这一系列的设备就构成了数字图像处理系统。

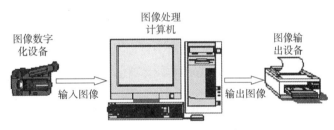

图 1-12　数字摄影过程示意

1.3.1　数字图像处理硬件系统

数字图像处理硬件系统由图像采集设备、图像处理与分析设备、图像存储设备、通信设备、图像输出设备组成，图 1-13 所示是数字图像处理硬件系统示意。

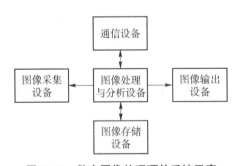

图 1-13　数字图像处理硬件系统示意

（1）数字图像采集模块通过硬件设备将自然界中的景观或要处理分析的目标进行收集。常用的图像采集设备有扫描仪、数码照相机、数码摄像机、带摄像头的手机、合成孔径雷达（Synthetic Aperture Radar，SAR）、多光谱相机、红外摄像仪、电子计算机断层扫描（Computed Tomography，CT）等。

（2）数字图像处理与分析模块完成图像信息处理的所有功能。数字图像处理与分析设备主要是计算机（工作站）。

（3）数字图像输出模块将处理前后的图像显示出来或将处理结果永久保存。数字图像输出设备包括打印机、显示器、绘图仪、数字印刷机等可以输出到 Internet 上的其他设备。图像的显示主要有两种形式：一种是将图像通过 CRT 显示器、液晶显示器或投影仪等设备暂时性显示的软复制形式；一种是通过照相机、激光复制和打印机等将图像输出到物理介质上的永久性硬复制形式。

（4）数字图像存储模块主要用来存储图像信息。到目前为止，可以供存储图像数据的设备包括大容量磁盘、CD/DVD 等光学存储装置及存储区域网络（Storage Area Network，SAN）/网络附属存储（Network Attached Storage，NAS）等网络存储系统等。现在图像存储主要流行以下 3 种格式。

①BMP：几乎不压缩，图像信息丰富，但存储所占空间大。

②GIF：高度压缩，色彩层次不明显，8 位存储，但存储所占空间极小。

③JPG/JEPG：高压缩，色彩层次一般，存储所占空间小，受欢迎程度高。

（5）数字图像通信模块负责对图像信息进行传输或通信。图像通信可借助综合业务网、计算机局域网和普通电话网等实现。图像通信可分为近程图像通信和远程图像通信两种。近程图像通信主要指在不同设备间交换图像数据，远程图像通信主要指在图像处理系统间传输图像。

1.3.2　数字图像处理软件系统

数字图像处理软件系统包括操作系统、控制软件及应用软件等。

（1）操作系统（Operating System，OS）是管理计算机硬件与软件资源的计算机程序。操作系统需要处理如管理与配置内存、决定系统资源供需的优先次序、控制输入设备与输出设备、操作网络与管理文件系统等基本事务，同时也提供一个让用户与系统交互的操作界面。

（2）控制软件（Control Software）是计算机控制系统或智能调节器实现过程控制的各种通用或专用程序。它可分为几个层次，最低一个层次为直接控制层的基本控制软件，一般以控制算法模块形式提供；高一个层次是在监控层实现先进控制（如自适应控制、推理控制、预测控制等）的软件；最高一个层次为实现最优控制、线性规划等调度层和决策层的软件。

（3）应用软件（Application）是和系统软件相对应的，是用户可以使用的各种程序设计语言，以及用各种程序设计语言编制的应用程序的集合。应用软件是为满足用户不同领域、不同问题的应用需求而提供的那部分软件，它可以拓宽计算机系统的应用领域，放大硬件的功能。

1.4　数字图像处理的应用与发展动向

图像是人类获取和交换信息的主要来源，因此，图像处理的应用领域必然涉及人类生活和工作的方方面面。随着人类活动范围的不断扩大，图像处理的应用领域也将随之不断扩大。总之，图像处理技术应用领域相当广泛，已在国家安全、经济发展、日常生活中充当越来越重要的角色，对国计民生的作用不可低估。本节将针对数字图像处理的应用领域及其未来的发展动向进行详细阐述。

1.4.1 数字图像处理的应用

数字图像处理主要应用在生物医学、遥感航天、工业、安全等领域。

（1）在生物医学领域，数字图像处理主要应用在显微图像处理、DNA 显示分析、红血球与白血球分析计数、虫卵及组织切片的分析、癌细胞识别、染色体分析、心血管数字减影、内脏大小形状及异常检测、微循环的分析判断、心脏活动的动态分析、X 光照片增强、冻结及伪彩色增强、超声成像增强及伪彩色处理、专家系统、生物进化的图像分析等，如图 1-14 所示。

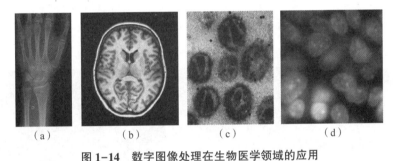

（a）　　　　　　（b）　　　　　　（c）　　　　　　（d）

图 1-14　数字图像处理在生物医学领域的应用

（a）X 光照片；（b）磁共振；（c）艾滋病病毒颗粒（电子显微镜）；（d）癌细胞核染色

（2）在遥感航天领域，数字图像处理主要应用在卫星图像分析与应用，地形与地图测绘，国土、森林、海洋资源调查，地质、矿藏勘探，水资源调查与洪水灾害监测，农作物估产与病虫害调查，自然灾害、环境污染的监测，气象图的合成分析与天气预报，天文、太空星体的探测与分析，交通选线等，如图 1-15 所示。

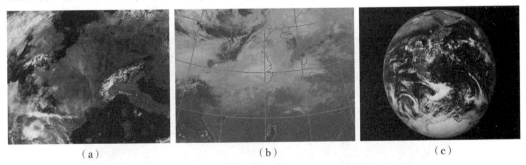

（a）　　　　　　　　　（b）　　　　　　　　　（c）

图 1-15　数字图像处理在遥感航天领域的应用（附彩插）

（a）遥感图片；（b）气象云图；（c）地球资源勘探

（3）在工业领域，数字图像处理主要应用在零部件无损检测，焊缝及内部缺陷检查，流水线零件自动检测识别，邮件自动分拣，印制电路板质量、缺陷的检测，生产过程的监控，金相分析，运动车辆、船只的监控，密封元器件内部质量检查等，如图1-16所示。

（a） （b）

图1-16 数字图像处理在工业领域的应用

（a）零部件表面缺陷检测；（b）金相分析

（4）在安全领域，数字图像处理主要应用在巡航导弹地形识别、指纹自动识别、罪犯脸型的合成、侧视雷达的地形侦察、遥控飞行器的引导、目标的识别与制导、自动火炮控制、反伪装侦察、印章的鉴别、过期档案文字的复原、集装箱的不开箱检查等，如图1-17所示。

 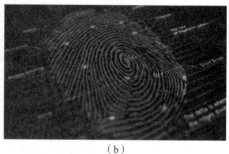

（a） （b）

图1-17 数字图像处理在安全领域的应用 （附彩插）

（a）经处理后形成的立体地形图；（b）指纹自动识别

除了上述领域，数字图像处理还可以应用在图像的远距离通信、可视电话、服装试穿显示、理发发型预测显示、电视会议、视频监控、广告设计等，如图1-18所示。

 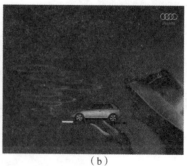

（a） （b）

图1-18 数字图像处理的其他应用 （附彩插）

（a）创意图片；（b）广告设计

1.4.2　数字图像处理的发展动向

自 20 世纪 60 年代第三代数字计算机问世以来，数字图像处理技术快速发展。图像属于人们获取与交换信息的直接方式，图像的处理关系到人们的生产生活，在这种环境之下加上科学技术的不断发展，数字图像处理技术的应用领域得到明显扩大。在该领域中需要进一步研究的问题，主要包括如下 8 个方面。

（1）在进一步提高精度的同时着重解决处理速度问题。例如，在航天遥感、气象云图处理方面，巨大的数据量和处理速度间的矛盾仍然是主要矛盾之一。

（2）加强软件研究、开发新的处理方法，特别要注意移植和借鉴其他学科的技术和研究成果，创造新的处理方法，如小波分析、分形几何、形态学、遗传算法、神经网络等。

（3）加强边缘学科的研究工作，促进数字图像处理的发展。例如，人的视觉特性、心理学特性等的研究如果有所突破，将对数字图像处理的发展起到极大的促进作用。

（4）加强理论研究，逐步形成图像处理科学自身的理论体系。

（5）图像处理领域的标准化。图像的信息量大、数据量大，因而图像信息的建库、检索和交流是一个重要的问题。应建立图像信息库，统一存放格式，建立标准子程序，统一检索方法。

（6）围绕高清晰度电视（High Definition Television，HDTV）的研制，开展实时图像处理的理论及技术研究，向着高速、高分辨率、立体化、多媒体化、智能化和标准化方向发展。

（7）图像、图形相结合，朝着三维成像或多维成像的方向发展。

（8）硬件芯片研究。把数字图像处理的众多功能固化在芯片上，更便于应用。

1.5　习题

选择

1. 数字图像的空间坐标（　　），灰度（　　）。
   A. 离散　连续　　　B. 连续　离散　　　C. 连续　连续　　　D. 离散　离散
2. 一幅数字图像是（　　）。
   A. 一个观测系统　　　　　　　　B. 一个有许多像素排列而成的实体
   C. 一个二维数组中的元素　　　　D. 一个三维空间的场景

填空

1. 数字图像处理，即用_____对图像进行处理。
2. 列举数字图像处理的 3 个应用领域：_____、_____和_____。
3. 数字图像处理的特点：_____、_____和_____。

判断

1. 数字图像坐标系与直角坐标系一致。（　　）
2. 矩阵坐标系与直角坐标系一致。（　　）

3. 数字图像坐标系可以定义为矩阵坐标系。(　　　)

简答

1. 图像的概念是什么？
2. 图像可以分成哪几类？分别解释其含义。
3. 简述数字图像的质量评判标准。
4. 简述图像处理的分类。
5. 数字图像处理系统的基本组成结构有哪些？
6. 除书中举例外，你还能列举数字图像处理的哪些应用领域及场景？

第 2 章

数字图像处理基础

在深入学习数字图像处理理论知识之前，必须先了解与其相关的知识，因此，本章分视觉基础、数字图像基础和 MATLAB 图像处理基础 3 个部分展开叙述，深入浅出地讲解与数字图像处理相关的基础知识，有助于读者更好地完成数字图像处理的后续学习。本章节的内容框架图如图 2-1 所示。

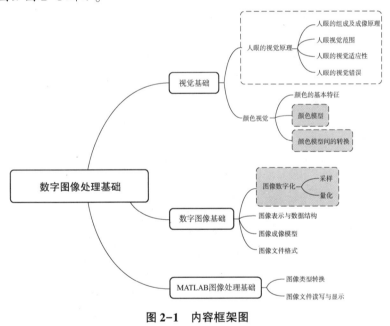

图 2-1　内容框架图

学习目标：了解包括人眼的视觉原理、成像原理及颜色视觉等在内的视觉基础知识；理解 RGB 颜色模型和 HSI 颜色模型的色度学基础和适用范围，掌握 RGB 颜色模型和 HSI 颜色模型间的转换；了解图像表示及数据结构，掌握图像采样和量化；了解 MATLAB 图像处理基础知识。

学习重点：掌握颜色模型及其转换、图像采样和量化的数字化过程。

学习难点：图像采样和量化，颜色模型及其转换。

2.1 视觉基础

本节讲述学习数字图像处理必知的基础性知识，分两部分展开叙述，第一部分是人眼的视觉原理，因为人眼的视觉原理对数字图像处理的发展有启蒙式的意义，所以本节以此开篇，向读者展示人眼的组成及成像原理等；第二部分是颜色视觉相关知识，向读者阐述颜色的基本特征以及常用的颜色模型，丰富读者对颜色的认知。

2.1.1 人眼的视觉原理

数字图像处理以数学和概率统计为基础，但在理论技术发展的过程中，人的直觉和分析会发挥重要的作用，人的选择常常是主观的视觉判断。数字图像处理的目的在于帮助人们更好地观察、理解图像中的内容，并能够通过人眼来判断处理的结果，因此，对人眼的了解应作为学习数字图像处理的第一步。本小节将详细介绍人眼的组成及成像原理、人眼的视觉范围、人眼的视觉适应性和人眼的视觉错误，以此作为读者学习数字图像处理知识的基础。

2.1.1.1 人眼的组成及成像原理

人眼是人类感观中最重要的器官，大脑中约有 80% 的知识和记忆都是通过眼睛获取的，读书认字、看图赏画、看人物、欣赏美景等都要用到眼睛，此外，眼睛还能辨别不同的颜色、不同的光线。总的来说，眼睛是获取大部分信息的源泉。

1）人眼的组成

人眼主要由角膜、瞳孔、晶状体、脉络膜、视网膜组成，如图 2-2 所示。

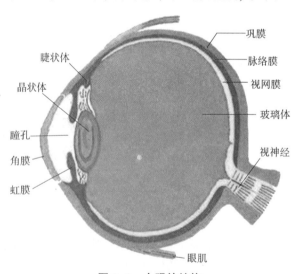

图 2-2　人眼的结构

（1）角膜：角膜位于眼球的最前面，是清澈透明的，眼睑的眨眼动作会使泪液均匀地润湿角膜表面，使得光线能直接进入眼内，不受阻挡，它就像是照相机的镜头。

（2）瞳孔：透明的角膜后是不透明的虹膜，虹膜中间的圆孔称为瞳孔，其直径可调节，从而控制进入人眼内的光通量，瞳孔就相当于照相机的光圈。

（3）晶状体：瞳孔后是一扁球形弹性透明体，这个透明体就是晶状体，其曲率可调节，以改变焦距，使不同距离的图在视网膜上成像，晶状体就相当于照相机的透镜。

（4）脉络膜：眼内腔充满着玻璃体，眼球壁中的脉络膜含有相当多的色素，有遮光作用，使得眼内腔变得像暗箱一样。

（5）视网膜：视网膜上集中了大量视细胞，视网膜就相当于照相机的底片；视细胞分为两类，第一类是锥状视细胞，即明视细胞，可在强光下检测亮度和颜色，每个锥状视细胞都连接着一个视神经末梢，故分辨率高，可分辨细节、颜色信息；第二类是杆（柱）状视细胞，即暗视细胞，可在弱光下检测亮度，无色彩感觉，多个杆状视细胞连接一个视神经末梢，故分辨率低，仅分辨图的轮廓。

2）人眼成像原理

如图 2-3 所示，自然界的光线进入眼睛后，经过角膜、晶状体、玻璃体[①]等屈光系统[②]的折射后，聚集在视网膜上，形成光的刺激。视网膜上的感光细胞受到光的刺激后，经过一系列的物理化学变化，产生了电流（注：就是神经冲动），经由视网膜神经纤维传导至视神经。两眼的视神经在脑垂体附近会合，最后到达大脑皮层的视觉中枢，产生视觉，然后我们才能看见东西。在视网膜上的影像是上下颠倒、左右相反的，到了脑部时又将影像转了回来，所以我们的视觉跟实际景象一样。

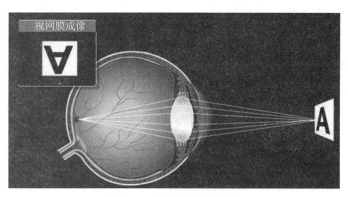

图 2-3　人眼成像原理图

2.1.1.2　人眼视觉范围

人眼能感受的亮度范围为 $10^{-2} \sim 10^{6}\ \mathrm{cd/m^2}$，虽然人眼总的视觉范围很宽，但不能在同一时间感受如此大的亮度范围。当平均亮度适中，即亮度范围为 $10 \sim 10^{4}\ \mathrm{cd/m^2}$，人眼可分辨的最大和最小亮度比为 1 000 : 1，平均亮度较高或较低时可分辨的最大和最小亮度比只

---

① 玻璃体为无色透明胶状体，位于晶状体后面的空腔里，充满于晶状体与视网膜之间，具有屈光、固定视网膜的作用。

② 人眼的屈光系统是由角膜、房水、晶状体、玻璃体所构成。房水：充满在眼前、后房内的一种透明清澈液体。

有 10 : 1，通常情况下为 100 : 1；人眼可分辨的电影银幕最大和最小亮度比大致为 100 : 1，可分辨的显像管最大和最小亮度比约为 30 : 1。

如图 2-4 所示，人眼可识别的电磁波的波长为 380~780 nm，按照波长由长至短的光色排序为红橙黄绿青蓝紫。人眼对不同颜色的可见光的敏感程度不同，在较亮环境中对黄光最敏感，在较暗环境中对绿光最敏感，对白光①较敏感。但无论在任何情况下，人眼对红光和蓝紫光都不敏感。例如，将人眼对黄绿色的敏感度设为 100%，则人眼对蓝色光和红色光的敏感度就只有 10% 左右。在亮度低于 10^{-2} cd/m² 的很暗的环境中，如无灯光照射的夜间，人眼的锥状视细胞失去感光作用，视觉功能由杆状视细胞取代，人眼失去感觉彩色的能力，仅能辨别白色和灰色。

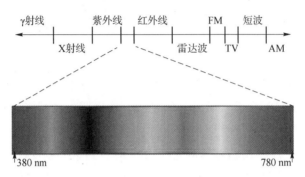

图 2-4　可见光谱（附彩插）

2.1.1.3　人眼的视觉适应性

视觉适应，是指视觉器官②的感觉随外界亮度的刺激而变化的过程或这一过程达到的最终状态，人眼的视觉适应性分为明适应、暗适应、视觉暂留、视觉连带集中和视觉的心理学特性 5 个部分。

（1）明适应。由暗处到亮处，特别是强光下，最初一瞬间会感到光线刺眼发眩，几乎看不清外界事物，几秒钟之后才逐渐看清，这种现象称为明适应。

（2）暗适应。从光亮处进入暗处，人眼对光的敏感度逐渐增加，约 30 min 达到最大限度，称暗适应，暗适应是视细胞的基本功能——感光功能的反映，在营养缺乏、眼底病变的情况下，常有暗适应功能变化。

（3）视觉暂留。视觉暂留又称视觉惰性，指在视网膜上形成的光像消失后，视觉系统对这个光像的感觉仍会持续一段时间。视觉暂留的时间长短与光线的颜色、强弱、观看时间长短有关，一般在 1/20 s 到 1/10 s 之间。人眼的视觉暂留在电视技术中得到了具体应用，成为顺序扫描分解与合成电视图像的基础。视觉的残留时间有一定限度，当作用人眼的光脉冲重复频率不够高时，人眼已能分辨出有光和无光的亮度差别，因而产生一明一暗的感觉，这种

---

①　白光又称白色光、消色差光、无色光，白光是相对单色彩光（红光、蓝光、黄光……）来说的，是复合后形成的类似太阳光的颜色，即白光是由不同颜色（即不同波长）的光混合而成的。

②　视觉器官：主要指眼睛。

现象称为闪烁效应。当光脉冲的重复频率增加到某个数值时，人眼觉察不到有闪烁效应，而是一个连续的感觉，把刚好感觉不到有闪烁效应的频率称为临界闪烁频率。经研究发现，临界闪烁频率大概为每秒 48 次，电视应当满足这个要求，每秒画面切换的次数应当大于或等于 48 次，这样才能使人眼察觉不到视频中图像切换过程中的闪烁现象。

（4）视觉连带集中。人眼一旦发现缺陷，视觉立即集中在这片小区域，密集缺陷比较容易发现。

（5）视觉的心理学特性。视觉过程，除了包括基于生理基础的一些物理过程之外，还有许多先验知识在起作用，这些先验知识被归结为视觉的心理学知识，它们往往引导出现视觉错误。

2.1.1.4　人眼的视觉错误

人眼的视觉错误是在特定条件下对客观事物产生的一种不正确的、歪曲的知觉，是任何人都会产生的共同现象。对于视觉错误产生原因的解释很多，但只有对大脑功能进一步认识后，才能得到满意的答案。如图 2-5 所示的马赫带现象、几何错觉、主观轮廓都说明了人眼视觉存在的一些错误。

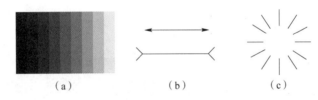

（a）　　　　　　　（b）　　　　　　　（c）

图 2-5　视觉错误

（a）马赫带现象；（b）几何错觉；（c）主观轮廓

1）马赫带（Mach 带）现象

人眼在观察均匀黑区与白区形成的边界时，与实际情况不一致，如图 2-5（a）所示，在亮度变化部位附近有暗区更暗，亮区更亮的感觉，这一更暗和更亮的带称为马赫带。

2）几何错觉

几何错觉是指在由线条组合成的几何图形中几何元素之间彼此影响而使观察者对几何图形的长度、方向、大小和形状等产生与事实不符的错觉的现象。如图 2-5（b）所示，上下两条线段是等长的，但等长的线段在不同的情景下看起来好像不一样长了，下面的线段比上面的线段看起来更长些，这就是几何错觉。

3）主观轮廓

主观轮廓，又称认知轮廓、错觉轮廓，是指在物理刺激为同质的视野中直觉到的轮廓，通常是指实际上并不存在，只是视觉上认为存在的轮廓线。如图 2-5（c）所示，人眼能够看到实际并不存在的圆形轮廓线，这就是人眼看到的主观轮廓。

2.1.2　颜色视觉

颜色视觉即色觉，是指人的视网膜受不同波长光线刺激后产生的一种感觉。产生色觉

19

的条件，除视觉器官外，还必须有外界的条件，如物体的存在及其光线谱等。色觉涉及物理、化学、生理、生化及心理等学科，是一个复杂的问题。

2.1.2.1 颜色的基本特征

颜色的基本特征包括色调、亮度和饱和度。

（1）色调是指图像的相对明暗程度，在彩色图像上表现为颜色。在可见光谱中，不同波长的单色光在视觉上表现为不同的色调，如红、橙、黄、绿、青、蓝、紫等不同的色调。人眼辨别色调的能力非常精细，在青绿色和橙黄色附近的辨别能力最强，能识别相差仅 1 nm 波长的色光；而在可见光谱两端辨别色调的能力最差，在 430~650 nm 的范围外，几十纳米的波长变化人眼分辨不出来。

（2）亮度指图像画面的明暗程度，增加亮度后图像画面变亮，降低亮度后图像画面变暗，如图 2-6 所示。同一色调也有亮度的差别，如深红和淡红，两者显然是有区别的，其原因是亮度的不同。这里需要强调的是，如果我们对图像的亮度做一个剧烈的改变，那么便会在改变图像亮度的同时影响图像的饱和度、对比度和清晰度，如图 2-6 所示，在将图像亮度降低后，图像的饱和度、对比度和清晰度都降低了。因此，说明图像亮度、对比度、饱和度和锐化之间并不是彼此独立的，改变其中一个特征可能会同时引起图像其他特征的变化，至于变化的程度则取决于图像本身的特性。

 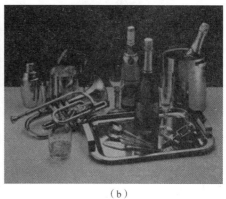

（a）　　　　　　　　　　（b）

图 2-6　图像亮度处理前后的效果对比（附彩插）

（a）原始图像；（b）降低亮度后的图像

（3）饱和度是指颜色的纯度，即颜色的深浅。可见光谱中各种单色光的光谱色是最纯的，即饱和度最高，当某一光谱色同白色混合，则会因混合色中光谱色成分的多少，而成为浓淡不同的颜色，如图 2-7 所示，含白色的成分越多就越不饱和。饱和度的数值为百分比，为 0~100%。例如，纯白光的色彩饱和度为 0，而纯彩色光的饱和度则为 100%。色饱和度受到屏幕亮度和对比度的双重影响，一般亮度好、对比度高的屏幕可以得到很好的色饱和度。调整饱和度可以修正过度曝光或者未充分曝光的图片，使图像看上去更加自然。

（a）   （b）

图 2-7　图像饱和度处理前后的效果对比（附彩插）

（a）原始图像；（b）降低颜色饱和度后的图像

2.1.2.2　颜色模型

颜色模型（颜色空间）就是用一组数值来描述颜色的数学模型，在彩色图像处理中，选择合适的颜色模型是很重要的。从应用的角度来看，颜色模型可分为两类：一类是面向硬件设备的颜色模型，如 RGB 模型、CMY 模型和 YCbCr 模型等，其中最典型、最常用的面向硬件设备的颜色模型是 RGB 模型，电视、摄像机和彩色扫描仪都是根据 RGB 模型工作的，而 CMY 模型主要用于彩色打印，图像处理中几乎没用到过，YCbCr 模型常用于肤色检测；另一类是面向视觉感知的颜色模型，如 HSI 模型、HSV 模型、HSB 模型和 Lab 模型等，面向硬件设备的颜色模型与人的视觉感知有一定的差距且使用时不太方便，如给定一个彩色图像，人眼很难判定其中的 RGB 分量，这时面向视觉感知的颜色模型更加方便，该类模型与人类颜色视觉感知比较接近，有独立的显示设备，其中，HSI 模型是常见的面向彩色处理的模型。因此，本书主要对常用的 RGB 模型和 HSI 模型展开详细介绍。

1）RGB 模型

RGB 模型也称为加色混色模型，是常用的一种彩色信息表达方式，它使用红色、绿色和蓝色的色光以不同的比例相加，以产生多种多样的色光，RGB 模型从黑色不断叠加红、绿、蓝的颜色，最终可以得到白色光，如图 2-8 所示。

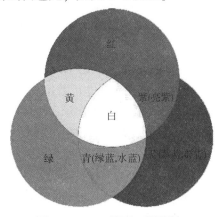

图 2-8　RGB 模型（附彩插）

由 RGB 模型可以得到 RGB 颜色空间，RGB 颜色空间主要用于计算机图形学中，表示每个像素具有 R、G、B 3 种颜色，由于我们常用的显示器的位深为 8 位，而 2^8 是 256，因此在 RGB 模型中，每一种颜色可分为 0~255 共 256 个等级，即 R、G、B 每个分量均为 0~255 的大小，以 3 个分量为坐标轴，构建一个三维颜色空间，如图 2-9 所示。图 2-9 中水平的 R 代表红色，向左下增加，G 代表绿色，向右增加，竖直的 B 代表蓝色，向上增加，原点代表黑色。立方体内的不同点对应不同的颜色，可以用从原点到该点的矢量表示 3 个坐标值分别为红、绿、蓝 3 色的比例，也就是说，任何一种颜色在 RGB 颜色空间中都可以用三维空间中的一个点来表示。例如，（255，0，0）为红色，（0，255，0）为绿色，（0，0，255）为蓝色；当所有 3 种成分值相等时，产生灰色阴影；当所有成分的值均为 255 时，结果是纯白色；当所有成分的值值为 0 时，结果是纯黑色。以黄色、洋红、青色为例说明 RGB 的数值表示：

黄色（Yellow）＝红色（R）＋绿色（G），用数值表示则为（255，255，0）＝（255，0，0）＋（0，255，0）；

洋红（Magenta）＝红色（R）＋蓝色（B），用数值表示则为（255，0，255）＝（255，0，0）＋（0，0，255）；

青色（Cyan）＝绿色（G）＋蓝色（B），用数值表示则为（0，255，255）＝（0，255，0）＋（0，0，255）。

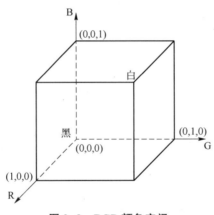

图 2-9　RGB 颜色空间

也就是说，图像只使用 3 种颜色，就可以使它们按照不同的比例混合，在屏幕上重现超过 1 600 万种的颜色。

RGB 颜色空间是依据人眼识别的颜色定义出的空间，可表示大部分颜色，但科学研究一般不采用 RGB 颜色空间，因为它的细节难以进行数字化的调整。它将符合人眼视觉的色调、饱和度、亮度 3 个量放在一起表示，很难分开，是最通用的面向硬件的颜色模型，该模型大多用于彩色监视器和彩色视频摄像，电视机、计算机的 CRT 显示器等大部分都是采用这种模型。

2）HSI 模型

HSI 模型是一个数字图像模型，是美国色彩学家孟塞尔（H. A. Munsell）于 1915 年提出的，它反映了人的视觉系统感知彩色的方式，以色调、饱和度和亮度 3 种基本特征量来感知颜色。HSI 模型的建立基于两个重要的事实：第一，分量与图像的彩色信息无关；第二，H 和 S 分量与人感受颜色的方式紧密相联。这些特点使得 HSI 模型非常适合彩色特性检测与分析。图 2-10 是色调、饱和度和亮度变化示意，下面详细解释色调、饱和度和亮度 3 种基本特征量。

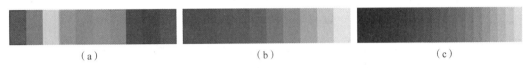

(a)　　　　　　　　　　(b)　　　　　　　　　　(c)

图 2-10　色调、饱和度和亮度变化示意（附彩插）

(a) 色调改变；(b) 饱和度由高到低；(c) 亮度由低到高

（1）色调（H）。色调与光波的频率有关，它表示人的感官对不同颜色的感受，如红色、绿色、蓝色等；它也可表示一定范围的颜色，如暖色、冷色等。色调的取值范围为 0~360。

（2）饱和度（S）。饱和度表示颜色的纯度，纯光谱色是完全饱和的，加入白光会稀释饱和度，即饱和度给出一种纯色被白光稀释的程度的度量。饱和度越大，颜色看起来就越鲜艳。饱和度的取值范围为 0~1。

（3）亮度（I）。亮度对应成像亮度和图像灰度，是颜色的明亮程度。亮度是一个主观的描述，实际上，它是不可以测量的，体现了无色的强度概念，并且是描述彩色感觉的关键参数。亮度的取值范围为 0~1。

HSI 颜色模型可以用双六棱锥或双锥体表示，如图 2-11 所示，I 是亮度轴，H 的角度范围为 0~2π，其中，纯红色的角度为 0，纯绿色的角度为 2π/3，纯蓝色的角度为 4π/3。S 是颜色空间任一点距 I 轴的距离。当 $I=0$ 时，H、S 无定义；当 $S=0$ 时，H 无定义。

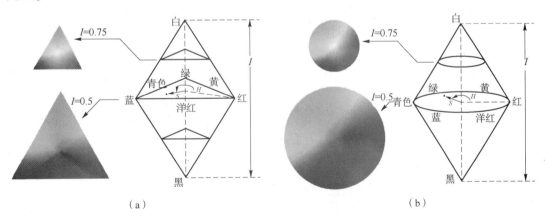

(a)　　　　　　　　　　　　　(b)

图 2-11　HSI 颜色模型（附彩插）

(a) 双六棱锥 HSI 模型；(b) 双锥体 HSI 模型

鉴于人的视觉对亮度的敏感程度远强于对颜色浓淡的敏感程度，为了便于色彩处理和识别，人的视觉系统经常采用 HSI 色彩空间，因为它比 RGB 色彩空间更符合人的视觉特性。在图像处理和计算机视觉中大量算法都可在 HSI 色彩空间中方便地使用，它们可以分开处理而且是相互独立的，因此，在 HSI 色彩空间可以大大简化图像分析和处理的工作量。

2.1.2.3　颜色模型间的转换

RGB 色彩空间和 HSI 色彩空间只是同一物理量的不同表示法，因而它们之间存在着转换关系，下面介绍 RGB 与 HSI 之间的相互转换。

1）RGB 模型转换为 HSI 模型

（1）利用式（2-1）计算 HSI 模型的角度 θ。

$$\theta = \arccos \left[\frac{\frac{1}{2}\left[(R-G)+(R-B)\right]}{\sqrt{(R-G)^2+(R-B)(G-B)}} \right] \tag{2-1}$$

（2）计算 H、S、I。当 $G \geqslant B$ 时，转换公式见式（2-2），当 $G<B$ 时，转换公式见式（2-3）。

$$\begin{cases} I = \dfrac{1}{3}(R+G+B) \\ S = 1 - \dfrac{3\min(R,G,B)}{R+G+B} \\ H = \theta \end{cases} \tag{2-2}$$

$$\begin{cases} I = \dfrac{1}{3}(R+G+B) \\ S = 1 - \dfrac{3\min(R,G,B)}{R+G+B} \\ H = 360° - \theta \end{cases} \tag{2-3}$$

2）HSI 模型转换为 RGB 模型

H 的范围不同，转换公式不同，当 $0° \leqslant H \leqslant 120°$ 时，转换公式如式（2-4）所示；当 $120° \leqslant H \leqslant 240°$ 时，转换公式如式（2-5）所示；当 $240° \leqslant H \leqslant 360°$ 时，转换公式如式（2-6）所示。

$$\begin{cases} R = I\left[1 + \dfrac{S\cos H}{\cos(60°-H)}\right] \\ B = I(1-S) \\ G = 3I - (R+B) \end{cases} \tag{2-4}$$

$$\begin{cases} G = I\left[1 + \dfrac{S\cos(H-120°)}{\cos(180°-H)}\right] \\ R = I(1-S) \\ B = 3I - (R+G) \end{cases} \tag{2-5}$$

$$\begin{cases} B = I\left[1 + \dfrac{S\cos(H-240°)}{\cos(300°-H)}\right] \\ G = I(1-S) \\ R = 3I - (G+B) \end{cases} \tag{2-6}$$

2.2　数字图像基础

2.2.1　图像数字化

图像数字化是进行数字图像处理的前提，为了能用计算机处理，图像函数 $f(x,y)$ 在空间和取值上必须数字化，因此，要在计算机中处理图像，必须先把真实的图像，如照片、画报、图书、图纸等，通过数字化转变成计算机能够接受的显示和存储格式，然后再用计算机进行分析处理，即图像数字化是将模拟图像转换为数字图像的过程。图像数字化运用的是计算机图形图像技术，在测绘学、摄影测量与遥感学等学科中得到了广泛应用。图像数字化主要包含有采样、量化两个过程，下面展开详细介绍。

2.2.1.1　采样

采样是指将在空间上连续的图像转换成离散的采样点（即像素）集的操作，简单来说，如图 2-12 所示，采样就是把一幅连续图像在空间上分割成 $M×N$ 个网格，一个网格称为一个像素。采样的实质是图像空间坐标的数字化，就是要用多少个网格来描述一幅图像，采样结果质量的高低用图像分辨率来衡量。一幅图像最终被采样成有限个像素点构成的集合，如一幅 640×480 分辨率的图像是由 640×480＝307 200 个像素点组成的。

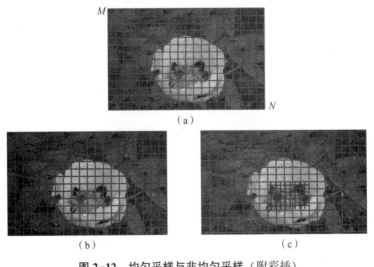

（a）

（b）　　　　　　　　　　　　　（c）

图 2-12　均匀采样与非均匀采样（附彩插）

（a）采样示意；（b）均匀采样；（c）非均匀采样

采样间隔和采样孔径的大小是采样的两个重要参数。在进行采样时，采样间隔大小的选取很重要，它决定了采样后的图像能真实地反映原图像的程度，如图 2-13（a）所示，采样间隔指采样点之间的距离，采样间隔越大，图像像素就越少，空间分辨率低，质量差；采样间隔越小，所得图像像素越多，空间分辨率高，图像质量好，但数据量大。一般来说，原图像中的画面越复杂，色彩越丰富，则采样间隔应越小。采样孔径一般分为圆形、正方形、长方形、椭圆形，如图 2-13（b）所示。

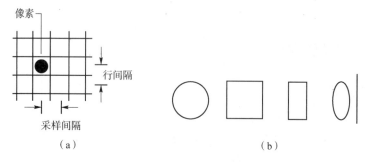

图 2-13　采样间隔和采样孔径

（a）采样间隔；（b）采样孔径

采样孔径的概念比较抽象，以图 2-14 为例进行讲解。

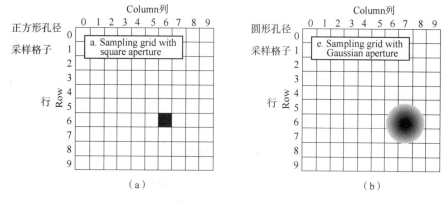

图 2-14　采样孔径

（a）正方形孔径；（b）圆形孔径

图 2-14（a）中的光射到图像内的任何一个正方形像素都只影响该像素值，而不会影响别的像素值，因为图中显示的黑色采样孔径，精确地填补了正方形像素区域，所有的光都被检测到，相邻像素之间没有重叠或串扰，换句话说，采样孔径与采样间隔完全相等；而在图 2-14（b）中，采样孔径比采样间隔大得多，且呈高斯分布，换句话说，一束窄光束射到探测器将贡献几个相邻像素的值。

采样还分为均匀采样和非均匀采样两种。如图 2-12 所示，均匀采样是将图像分成离散的且横竖均匀的网格点；非均匀采样是根据图像细节的丰富程度改变采样间距，细节丰富的地方，采样间距小，反之采样间距大。在灰度级变化尖锐的区域，用细腻的采样；在灰度级比较平滑的区域，用粗糙的采样。数字图像一般采用均匀采样。

图像采样与数字图像的质量之间的关系如图 2-15 所示。由图 2-15 可知，图像质量随图像采样点数的减少而降低。

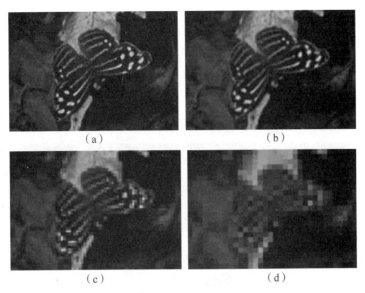

图 2-15 不同采样点数对图像质量的影响（附彩插）

（a）原始图像（256×180）；（b）采样图像 1（133×90）；（c）采样图像 2（66×45）；（d）采样图像 3（33×22）

2.2.1.2 量化

模拟图像经过采样后，离散化为像素，但像素值（即灰度值）仍为连续量，把采样后所得的各像素的灰度值转换为整数的过程称为量化。如图 2-16 所示，将图像的灰度分为256 级，由 0~255，亮度从黑到白变化，简而言之，量化是图像灰度值的数字化。

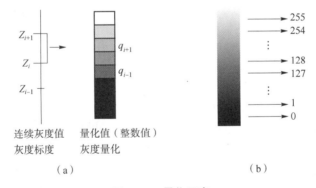

图 2-16 量化示意

（a）连续灰度值；（b）灰度值量化

不同量化级别对图像质量的影响如图 2-17 所示，量化等级越多，所得图像层次越丰富，灰度分辨率越高，质量越好，但数据量大；量化等级越少，图像层次不太丰富，灰度分辨率低，质量变差，会出现假轮廓现象，但数据量小。

量化分为均匀量化和非均匀量化两种。均匀量化指对整幅图像采用同样灰度级的量化；非均匀量化指对图像层次少的区域采用间隔大的量化，而对图像层次丰富的区域采用间隔小的量化。数字图像一般采用均匀量化处理。

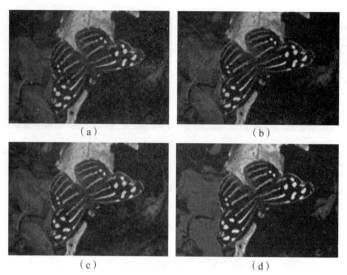

（a） （b）

（c） （d）

图 2-17　不同量化级别对图像质量的影响 （附彩插）
（a） 原始图像 （256 灰度级）；（b） 量化图像 1 （16 灰度级）；
（c） 量化图像 2 （8 灰度级）；（d） 量化图像 3 （4 灰度级）

2.2.2　图像表示与数据结构

2.2.2.1　图像的表示

对一幅图像 $f(x,y)$ 采样后，可得到一幅 M 行、N 列的图像，我们称这幅图像的大小是 $M×N$，相应的值是离散的。为了符号清晰和方便可见，这些离散的坐标都取整数。这里介绍两种方法表示数字图像。

一种是将图像的原点定义为 $(x,y)=(0,0)$，图像第 1 行的下一坐标点为 $(x,y)=(0,1)$，坐标 $(0,1)$ 用来表示沿着第 1 行的第 2 个取样。图 2-18 显示这一坐标约定，注意 x 是从 $0\sim(M-1)$ 的整数，y 是从 $0\sim(N-1)$ 的整数。

另外一种是规定坐标原点为 $(x,y)=(1,1)$，如在 MATLAB 的图像处理工具箱中就使用这种图像规定格式，这种约定如图 2-19 所示。

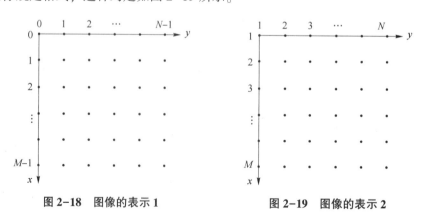

图 2-18　图像的表示 1 　　　　　图 2-19　图像的表示 2

根据图 2-18 所示的坐标系统,我们可以得到数字图像的下列表示:

$$f(x,y)=\begin{bmatrix} f(0,0) & f(0,1) & \cdots & f(0,N-1) \\ f(1,0) & f(1,1) & \cdots & f(1,N-1) \\ \vdots & \vdots & & \vdots \\ f(M-1,0) & f(M-1,1) & \cdots & f(M-1,N-1) \end{bmatrix} \qquad (2-7)$$

式(2-7)右边是定义的一幅数字图像,阵列中每个元素都被称为图像元素、图画元素或像素。以后,我们用图像和像素这两个术语表示数字图像及元素。

按照图 2-19 所示的坐标系统可将数字图像表示成 MATLAB 矩阵:

$$f(x,y)=\begin{bmatrix} f(1,1) & f(1,2) & \cdots & f(1,N) \\ f(2,1) & f(2,2) & \cdots & f(2,N) \\ \vdots & \vdots & & \vdots \\ f(M,1) & f(M,2) & \cdots & f(M,N) \end{bmatrix} \qquad (2-8)$$

此处需要详细解释一些概念,在模拟图像中,(x,y) 代表图像上某点的空间位置,$f(x,y)$ 代表 (x,y) 点处图像的灰度值;在数字图像中,(x,y) 代表数字图像上某像素所在的行列位置,$f(x,y)$ 代表像素点处的灰度值,一般是一个整数。

2.2.2.2　图像的类型

MATLAB 工具箱支持 4 种图像类型,分别是二值图像、灰度图像、RGB 图像、索引图像,下面对这 4 种图像类型依次展开详细介绍。

二值图像经常使用位图格式存储,通常用一个二维数组来描述,并以 1 位表示一个像素,组成图像的像素值非 0 即 1,没有中间值,通常 0 表示黑色,1 表示白色,如图 2-20 所示。在 MATLAB 中用一个由 0 和 1 组成的二维逻辑矩阵表示,二值图像的优点是描述文字或者图形占用空间少,缺点是只能描述人物或风景图像的轮廓信息。

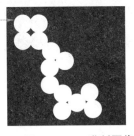

图 2-20　二进制图像

灰度图像也称为单色图像,通常由一个二维数组表示,并以 8 位表示一个像素,通常 0 表示黑色,255 表示白色,1~254 表示不同的深浅灰色,如图 2-21 所示。在 MATLAB 中,灰度图像可以用不同的数据类型表示,只需保证每个像素能在一定的范围内取值即可,若使用 8 位无符号整数表示,则其取值范围是 [0,255];若使用 16 位无符号整数表示,则其取值范围是 [0,65 535];若使用双精度表示,则其取值范围是 [0,1]。

图2-21　灰度图像

RGB图像如图2-22所示，利用3个分别代表R、G、B分量的大小相同的二维数组表示图像中的像素，通过3种基本颜色可以合成任意颜色。每个像素中的每种颜色分量占8位，由 [0，255] 中的任意数值表示，那么一个像素就由24位表示。在MATLAB中，RGB图像存储为$M×N×3$的多维数据矩阵，其中元素可为3种数据类型，同灰度图像。

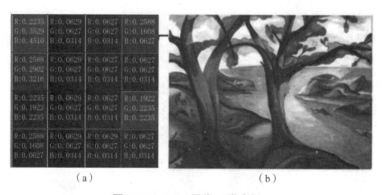

（a）　　　　　　　　　　　　　（b）

图2-22　RGB图像（附彩插）

（a）RGB值；（b）图像

索引图像包含一个数据矩阵 X 和一个颜色映射（调色板）矩阵 *map*，如图2-23所示。颜色映射矩阵 *map* 是一个 $N×3$ 的数据矩阵，其中每个元素都是位于 [0,1] 之间的double类型，*map* 矩阵每一行有3列，分别表示红色（R）、绿色（G）和蓝色（B）。图像中每个像素的颜色通过 X 的像素值作为 *map* 的下标来获得。例如，X 中的元素1指向 *map* 中的第1行所有元素，10指向 *map* 中的第10行所有元素。调色板与索引图像通常存储在一起，并一起自动装载。

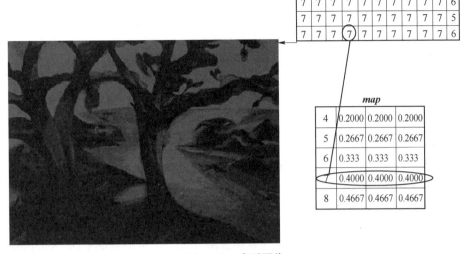

图 2-23　索引图像

2.2.2.3　图像的数据结构

图像的数据结构用于目标表示和描述，数字图像处理中常用的数据结构有矩阵、链码、拓扑结构和关系结构。

（1）矩阵用于描述图像，可以表示黑白图像、灰度图像和彩色图像，矩阵中的一个元素表示图像的一个像素。

矩阵描述黑白图像时，矩阵中的元素取值只有 0 和 1 两个值，如图 2-24 所示，因此黑白图像又称为二值图像。

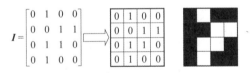

图 2-24　黑白图像的矩阵描述

矩阵描述灰度图像时，矩阵中的元素由一个量化的灰度级描述，灰度级通常为 8 位，即 0 到 255 之间的整数，其中 0 表示黑色，255 表示白色，如图 2-25 所示。

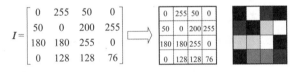

图 2-25　灰度图像的矩阵描述

矩阵描述彩色图像时，彩色图像的每个像素都是由不同灰度级的红、绿、蓝描述的，利用 3 个分别代表 R、G、B 分量的大小相同的二维数组表示图像中的像素，R 表示红色，G 表示绿色，B 表示蓝色，通过 3 种基本颜色可以合成任意颜色，如图 2-26 所示。

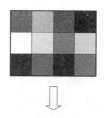

$$R = \begin{bmatrix} 255 & 0 & 0 & 0 \\ 255 & 255 & 255 & 0 \\ 90 & 10 & 0 & 128 \end{bmatrix} \quad G = \begin{bmatrix} 0 & 255 & 0 & 0 \\ 255 & 255 & 0 & 255 \\ 20 & 120 & 0 & 128 \end{bmatrix} \quad B = \begin{bmatrix} 0 & 0 & 255 & 0 \\ 255 & 0 & 255 & 255 \\ 100 & 50 & 128 & 0 \end{bmatrix}$$

图 2-26　彩色图像的矩阵描述

（2）链码用于描述目标图像的边界，通过规定链的起始坐标和链起始坐标的斜率，即可用一小段线段来表示图像中的曲线。因为链码表示图像边界时只需标记起点坐标，其余点用线段的方向数代表方向即可，这种表示方法节省了大量的存储空间。常用的链码按照中心像素点邻接方向个数的不同，分为 4 连通链码和 8 连通链码，如图 2-27 所示。4 连通链码的邻接点有 4 个，分别在中心点的上、下、左和右；8 连通链码比 4 连通链码增加了 4 个斜方向，因为任意一个像素周围均有 8 个邻接点，而 8 连通链码正好与像素点的实际情况相符，能够准确地描述中心像素点与其邻接点的信息，所以 8 连通链码的使用相对较多。

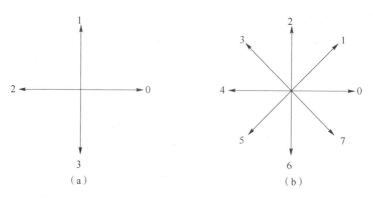

图 2-27　链码

（a）4 连通链码；（b）8 连通链码

为了实现链码与起始点无关，需要将链码归一化。最简单的方法是将链码看成一个自然数，其中最小的自然数即为归一化结果。如图 2-28 所示，链码归一化结果为 07107655533321。

（3）拓扑结构用于描述图像的基本结构，通常用于形态学或二值图像的图像处理当中。拓扑结构在图像中定义相邻的概念，一个像素与它周围的像素组成一个邻域，像素点 p 周围有 8 个相邻的像素点，若只考虑上下左右则有 4 个像素点则称 4 邻域，若只考虑对角上的 4 个像素点则称为对角邻域，4 邻域和对角邻域都加上称为 8 邻域。相关内容在 3.1.1 小节有详细介绍。

（4）关系结构用于描述一组目标物体之间的相互关系，常用的描述方法为串描述和树描述，如图 2-29 所示。串描述是一种一维结构，当用串描述图像时，需要建立一种合适

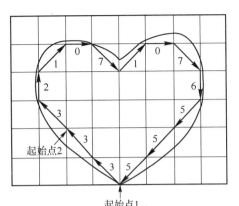

起始点1
起始点1链码: 33321071076555
起始点2链码: 32107107655533

图 2-28　链码

的映射关系，将二维图像降为一维形式，串描述适用于那些可以从头到尾连接或某些连续形式的图像元素的描述，链码表示就是基于串描述思想的。树描述是一种能够对不连接区域进行很好描述的方法。在树图中有两类重要信息：一个是关于节点的信息，另一个是节点与其相邻节点的关系信息。第一类信息表示目标物体的结构，第二类信息表示一个目标物体和另一个目标物体的关系。树是一个或一个以上节点的有限集合，其中，有一个唯一指定的节点为根，剩下的节点划分为多个互不连接的集合，这些集合称为子树，树的末梢节点称为叶子。

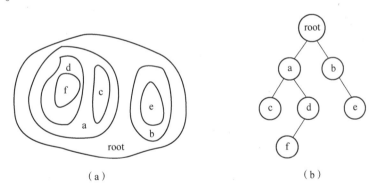

（a）　　　　　　　　　　　（b）

图 2-29　串描述和树描述

（a）串描述；（b）树描述

2.2.3　图像成像模型

图像内容随时间变化的系列图像称为运动图像，图像内容不随时间变化的图像称为静止图像。静止图像是本书研究的重点，一般用 $f(x,y)$ 表示。因为光是能量的一种形式，故 $f(x,y)$ 大于 0，即

$$0<f(x,y)<\infty \tag{2-9}$$

在每天的视觉活动中，人眼看到的图像一般都是由物体反射的光组成的，因此，$f(x,y)$ 可被看成由两个分量组成：一个分量是在所见场景上的入射光量；另一个分量是场景中物

33

体反射光量的能力，即反射率。这两个分量被称为照射分量和反射分量，分别表示为 $i(x,y)$ 和 $r(x,y)$。函数 $i(x,y)$ 和 $r(x,y)$ 之积形成 $f(x,y)$，即

$$f(x,y)=i(x,y)r(x,y) \tag{2-10}$$
$$0<i(x,y)<\infty \tag{2-11}$$
$$0<r(x,y)<1 \tag{2-12}$$

式（2-12）表示反射分量在极限 0（全吸收）和 1（全反射）之间。$i(x,y)$ 的性质由光源确定，而 $r(x,y)$ 则由景物中物体的特性而定。

2.2.4 图像文件格式

目前，图像存储主要流行以下 3 种格式。

（1）BMP：几乎不压缩，图像信息丰富，但存储所占空间大。

（2）GIF：高度压缩，色彩层次不明显，8 位存储，但存储所占空间极小。

（3）JPG/JEPG：高压缩，色彩层次一般，存储所占空间小，受欢迎度高。

2.3 MATLAB 图像处理基础

2.3.1 图像类型转换

在图像处理过程中，常常需要对图像的类型进行转换，否则对应的操作没有意义甚至出错。在 MATLAB 中，各种图像类型之间的转换关系如图 2-30 所示，图像类型转换对应函数如表 2-1 所示。

图 2-30 图像类型转换关系

表 2-1 图像类型转换对应函数

图像类型转换	对应函数
RGB 图像转换为灰度图像	rgb2gray( )
索引图像转换为二值图像	im2bw( )
索引图像转换为灰度图像	ind2gray( )
索引图像转换为 RGB 图像	ind2rgb( )
灰度图像转换为二值图像	gray2bw( )
灰度图像转换为索引图像	gray2ind( ) 或 grayslice( )
数据矩阵转换为灰度图像	mat2gray( )

2.3.2　图像文件读写与显示

图像、视频文件读写与显示等操作对应函数如表 2-2 所示。

表 2-2　图像、视频文件读写与显示等操作对应函数表

图像、视频文件读写与显示	对应函数
文件信息读取	imfinfo( )
图像文件的读取	imread( )
图像文件的保存	imwrite( )
图像文件的显示	imtool( )
像素信息的显示	impixel( ) 或 impixelinfo( )
视频读取	aviread( ) 或 read( )
视频信息读取	aviinfo( )
视频的播放	movie( )

2.4　习题

选择

1. 图像灰度量化用 6 bit 编码时，量化等级为 （　　）。

A. 32 个　　　　　　B. 64 个　　　　　　C. 128 个　　　　　　D. 256 个

2. 计算机显示器主要采用 （　　） 颜色模型。

A. RGB　　　　　　B. CMY 或 CMYK　　C. HSI　　　　　　D. HSV

3. 一幅灰度级均匀分布的图像，其灰度值范围为 [0，127]，则该图像的信息量为 （　　）。

A. 0　　　　　　　B. 128　　　　　　　C. 7　　　　　　　D. 8

4. 用 $f(x,y)$ 表示图像亮度，$i(x,y)$ 表示入射分量，$r(x,y)$ 表示反射分量，则对一幅图像可以建模为 （　　）。

A. $f(x,y)=i(x,y)r(x,y)$　　　　　　B. $f(x,y)=i(x,y)+r(x,y)$

C. $i(x,y)=f(x,y)r(x,y)$　　　　　　D. $i(x,y)=f(x,y)+r(x,y)$

5. HSI 模型的三属性包含 （　　）。

①色调　②色饱和度　③亮度　④色度

A. ①②③　　　　　B. ①②④　　　　　C. ②③④　　　　　D. ①③④

6. 下面 （　　） 空间最接近人视觉系统的特点。

A. RGB　　　　　　B. CMY　　　　　　C. CIE XYZ　　　　　D. HSI

填空

1. 图像数字化过程包括两个步骤：_____、_____。

2. _____是指每个像素的信息由一个量化的灰度级来描述的图像，没有彩色信息。

3. _____是指每个像素的信息由 R、G、B 三原色构成的图像，其中 RGB 是由不同的灰度级来描述的。

4. 量化可以分为_____和_____两大类。

5. 人在区分颜色时常用 3 种基本特征量，它们是_____、_____、_____。

6. 国际照明委员会于 1931 年规定了 3 种基本色的波长，并将其称为三基色，它们分别是红色、蓝色和_____。

判断

1. 采样是空间离散化的过程。（　　　）

2. RGB 空间中，若某个像素点的值是（0，0，0），则表示该颜色为白色。（　　　）

简答

1. 人眼的视觉适应性包括哪些？

2. 当在白天进入一个黑暗剧场时，在能看清并找到空座位时需要适应一段时间，试简述发生这种现象的视觉原理。

3. 图像的数字化包含哪些步骤？简述这些步骤。

4. 常见的数字图像格式有哪些？各有何特点？

5. 试简述什么是均匀采样和非均匀采样。

6. 图像量化时，如果量化级比较小会出现什么现象？为什么？

7. 简述灰度图像与 RGB 图像的区别。

第 3 章

基本图像处理运算

掌握基本的图像处理运算是学习数字图像处理的前提，在对图像做预处理时常用到这些基本的图像处理运算操作。本章分为像素点运算、几何变换和图像邻域运算 3 个部分展开详细叙述，通过对本章学习，读者应掌握基本的图像处理运算操作。本章节的内容框架图如图 3-1 所示。

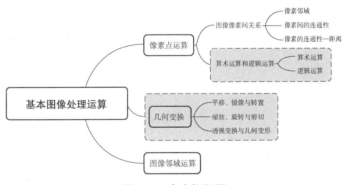

图 3-1　内容框架图

学习目标：了解图像像素间的关系；掌握图像的算术和逻辑运算；掌握图像的几何变换；理解图像邻域运算。

学习重点：图像的算术和逻辑运算以及几何变换。

学习难点：图像的算术和逻辑运算以及几何变换。

3.1 像素点运算

3.1.1 图像像素间关系

3.1.1.1 像素邻域

4 邻域：像素 $p(x,y)$ 的 4 邻域是其上下左右 4 个像素，即 $(x-1,y)(x+1,y)(x,y-1)$ $(x,y+1)$，如图 3-2 所示，用 $N_4(p)$ 表示 p 的 4 邻域。像素 $p(x,y)$ 与它的各个 4 邻域近邻像素是 1 个单位距离。如果 $p(x,y)$ 在图像的边缘，则它的若干个近邻像素会落在图像外。

D 邻域：像素 $p(x,y)$ 的 D 邻域是其对角上的 4 个像素，即 $(x-1,y-1)(x-1,y+1)(x+1,y-1)(x+1,y+1)$，如图 3-3 所示，用 $N_D(p)$ 表示 p 的 D 邻域。如果 $p(x,y)$ 在图像的边缘，则它的若干个近邻像素会落在图像外。

8 邻域：像素 $p(x,y)$ 的 8 邻域是其上、下、左、右、左上、右上、左下、右下 8 个像素，如图 3-4 所示，公式表示为

$$N_8(p) = N_4(p) \cup N_D(p) \tag{3-1}$$

用 $N_8(p)$ 表示 p 的 8 邻域。

如果 $p(x,y)$ 在图像的边缘，则它的若干个近邻像素会落在图像外。

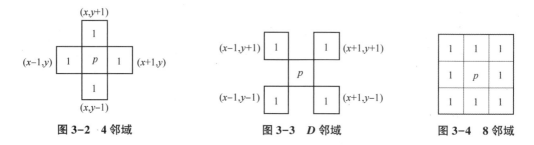

图 3-2　4 邻域　　　　图 3-3　D 邻域　　　　图 3-4　8 邻域

像素的邻接：若 $q \in N_4(p)$ 或 $p \in N_4(q)$，则称 p 与 q 是 4 邻接的；若 $q \in N_8(p)$ 或 $p \in N_8(q)$，则称 p 与 q 是 8 邻接的。4 邻接必 8 邻接，反之不然。

3.1.1.2 像素间的连通性

连通性是描述区域和边界的重要概念，可用于建立图像中目标物的边界位置或测量其参数（如距离度量）。

两个像素 p 和 q 连接的必要条件：

（1）像素的位置邻接；

（2）像素的灰度值相近，即 $p \in v$ 且 $q \in v$，其中 $v = \{v1,v2,\cdots\}$，称为灰度相近（似）准则。

4 连接：对于像素 p 和 q，如果满足

$$\begin{cases} p \in v \text{ 且 } q \in v, \text{其中 } v = \{v1, v2, \cdots\} \\ q \in N_4(p) \end{cases} \tag{3-2}$$

则称像素 p 和 q 是 4 连接的，图 3-5 是像素 4 连接的示意。

8 连接：对于像素 p 和 q，如果满足

$$\begin{cases} p \in v \text{ 且 } q \in v, \text{其中 } v = \{v1, v2, \cdots\} \\ q \in N_8(p) \end{cases} \tag{3-3}$$

则称像素 p 和 q 是 8 连接的，图 3-6 是像素 8 连接的示意。

图 3-5　像素 4 连接的示意

图 3-6　像素 8 连接的示意

m 连接：对于像素 p 和 q，如果满足

$$\begin{cases} p \in v \text{ 且 } q \in v, \text{其中 } v = \{v1, v2, \cdots\} \\ q \in N_4(p) \text{ 或 } q \in N_D(p) \text{ 且 } N_4(p) \cap N_4(q) = \varnothing \, (\varnothing \Rightarrow \notin v) \end{cases} \tag{3-4}$$

则称像素 p 和 q 是 m 连接的，即 m 连接就是 4 连接和 D 连接的混合连接。图 3-7（a）是像素 m 连接的示意。

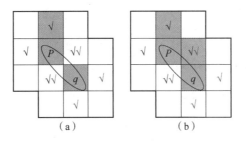
图 3-7　像素 m 连接的示意
（a）是 m 连接；（b）不是 m 连接

用图 3-8 说明引入 m 邻接的必要性。

由图 3-8（b）可知，8 邻接像素产生二义性，8 邻接的中间的 1 有 2 条路径可以到达右上角的 1，由图 3-8（c）可知，m 邻接消除了 8 邻接的二义性。

毗邻：若像素 p 与 q 相连通，则称它们相毗邻。根据不同种类的连通，毗邻也分为 4 毗邻，8 毗邻与 m 毗邻，若 p 与 q 毗邻，则表示为 p-q。若 $p_i \in S$，$q_i \in T$（S、T 表示像素集合）且 p_i-q_i，则 S-T，称 S 与 T 连通。

通路（路径）：一条从像素点 $p(x,y)$ 到 $q(s,t)$ 的通路，是具有坐标 (x_0, y_0)，(x_1, y_1)，$\cdots$，

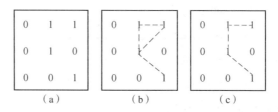

图3-8 图像像素间的连通性

(a) 像素的排列；(b) 8邻接；(c) m邻接

(x_n,y_n) 的不同像素的序列。其中，$(x_0,y_0)=(x,y)$，$(x_n,y_n)=(s,t)$，(x_i,y_i) 和 (x_{i-1},y_{i-1}) 是邻接的，$1 \leqslant i \leqslant n$，$n$ 是路径的长度。如果 $(x_0,y_0)=(x_n,y_n)$，则该通路是闭合通路。用通俗易懂的话来讲，像素 p 到像素 q 的通路就是从像素 p 开始走，每次走的下一个像素必须是和当前自己所在的像素连通的，一直走到像素 q 的位置，走过的这一条路线就称为像素 p 到像素 q 的通路。那么，根据连通性可以分为4连通，8连通和 m 连通，通路就可以分为4通路，8通路和 m 通路，如图3-9所示。

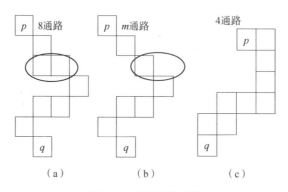

图3-9 不同通路示意

(a) 8通路；(b) m 通路；(c) 4通路

连通：若 p，$q \in T$（T 是一个像素点集合）且存在一条由 T 中像素组成的从 p 到 q 的通路，则称 p 在 T 中与 q 连通。由不同通路形成不同种类的连通：4连通，8连通，m 连通。对 T 中任意一个像素 p，所有与 p 相连通且又在 T 中的包括 p 在内的像素集合起来称为 T 中的一个连通组元。图像里同一个连通组元中的2个像素互相连通，而不同连通组元中的各像素是互不连通的。

3.1.1.3 像素的连通性——距离

像素之间距离函数的定义：像素 p、q 和 r 分别具有坐标 $(x,y)(s,t)(u,v)$，D 是距离函数或称度量，当像素之间的距离满足下面3个条件。

（1）非负性：$D(p,q) \geqslant 0(D(p,q)=0$ 当且仅当 $p=q)$，即两点之间距离大于等于0。

（2）对称性：$D(p,q)=D(q,p)$，即距离与方向无关。

（3）三角不等式：$D(p,r) \leqslant D(p,q)+D(q,r)$，即两点之间直线距离最短。

欧式（Euclidean）距离，也称为 D_e 距离，对于像素 $p(x,y)$、$q(s,t)$ 之间的欧氏距离 D_e 定义为

$$D_e(p,q) = \left[(x-s)^2 + (y-t)^2 \right]^{1/2} \tag{3-5}$$

对于这个欧式距离计算，与 (x,y) 距离小于等于某个值 d 的像素是包含在以 (x,y) 为圆心、以 d 为半径的圆中的那些点。

D_4 距离，也称为城区距离，对于像素 $p(x,y)$、$q(s,t)$ 之间的城区距离 D_4 定义为

$$D_4(p,q) = |x-s| + |y-t| \tag{3-6}$$

与 (x,y) 距离小于等于某个值 d 的那些像素形成一个菱形。例如，与中心点 (x,y) D_4 距离小于等于 2 的像素，形成图 3-10 所示固定距离的轮廓，而 $D_4=1$ 的像素就是 (x,y) 的 4 邻域。

D_8 距离，也称为棋盘距离，对于像素 $p(x,y)$、$q(s,t)$ 之间的棋盘距离 D_8 定义为

$$D_8(p,q) = \max(|x-s|, |y-t|) \tag{3-7}$$

与 (x,y) 距离小于等于某个值 d 的那些像素形成一个正方形。例如，与中心点 (x,y) D_8 距离小于等于 2 的像素，形成图 3-11 所示固定距离的轮廓，而 $D_8=1$ 的像素是 (x,y) 的 8 邻域。

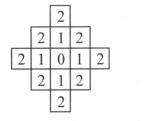

图 3-10　D_4 距离　　　　　　　　图 3-11　D_8 距离

两点 p 和 q 之间的 D_4 距离等于它们之间最短的 4 通路的长度，D_8 距离等于它们之间最短的 8 通路的长度。实际上，在考虑两点 p 和 q 之间的 D_4 距离和 D_8 距离时，并不需要看它们之间是否有 1 条通路，因为这些距离的定义只涉及这些点的坐标。但对于 m 通路，两点间的距离值依赖于沿通路的像素和它们邻近像素的值，即 D_m 距离值等于 m 通路的长度。

举例说明：考虑图 3-12 中的像素，其中 p、p_2、p_4 的值是 1，p_1、p_3 的值是 1 或者 0。我们考虑值为 1 的像素邻域（$V=\{1\}$）。

（1）假设 p_1、p_3 的值是 0，则 p 和 p_2 是 m 邻接，p_2 和 p_4 是 m 邻接，最短的距离是 $2(p \rightarrow p_2 \rightarrow p_4)$。

（2）假设 p_1 的值是 1，p_3 的值是 0，则 p 和 p_2 不是 m 邻接，最短的 m 通路是 $3(p \rightarrow p_1 \rightarrow p_2 \rightarrow p_4)$。

（3）假设 p_1 的值是 0，p_3 的值是 1，则 p_2 和 p_4 不是 m 邻接，最短的 m 通路是 $3(p \rightarrow p_2 \rightarrow p_3 \rightarrow p_4)$。

（4）假设 p_1、p_3 的值是 1，则 p 和 p_2 不是 m 邻接，p_2 和 p_4 不是 m 邻接，最短的 m 通路是 $4(p \rightarrow p_1 \rightarrow p_2 \rightarrow p_3 \rightarrow p_4)$。

表示如图 3-13 所示。

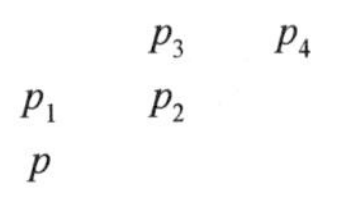

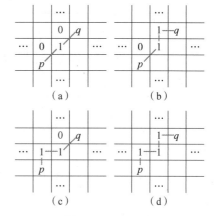

$$p_3 \quad p_4$$
$$p_1 \quad p_2$$
$$p$$

图 3-12 像素位置排列

图 3-13 D_m 距离

(a) $D_m = 2$；(b) $D_m = 3$；(c) $D_m = 3$；(d) $D_m = 4$

3.1.2 算术运算和逻辑运算

3.1.2.1 算术运算

算术运算是指对两个像素（p 和 q）间的算术运算，即两幅图像进行点对点的加、减、乘、除计算。但是必须要注意，进行图像间的算术运算操作时，必须要保证两幅图像的大小、数据类型和通道数目相同。

加法计算为

$$g(x,y) = f(x,y) + h(x,y) \tag{3-8}$$

减法计算为

$$g(x,y) = f(x,y) - h(x,y) \tag{3-9}$$

乘法计算为

$$g(x,y) = f(x,y)h(x,y) \tag{3-10}$$

除法计算为

$$g(x,y) = f(x,y)/\left[h(x,y)\right] \tag{3-11}$$

其中，$g(x,y)$、$f(x,y)$、$h(x,y)$ 表示的都是图像像素点 (x,y) 位置的像素值。

1）加法计算的主要应用举例

（1）去除叠加性噪声。

对于原图像 $f(x,y)$，有一个噪声图像集 $\{g_i(x,y)\}\, i=1,2,\cdots,N$，其中，

$$g_i(x,y) = f(x,y) + h(x,y)i \tag{3-12}$$

假设噪声 $h(x,y)$ 均值为 0，且互不相关，则 N 个图像的均值定义为

$$g(x,y) = \frac{1}{N}\left(g_0(x,y) + g_1(x,y) + \cdots + g_N(x,y)\right) \tag{3-13}$$

期望值 $E(g(x,y)) = f(x,y)$，上述图像均值将降低噪声的影响。下面以星系图为例，说明加法计算可去除叠加性噪声，如图 3-14 所示。

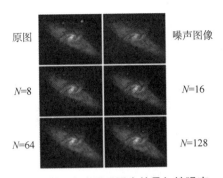

原图　　　　　　　　　　噪声图像

$N=8$　　　　　　　　　　$N=16$

$N=64$　　　　　　　　　　$N=128$

图 3-14　去除星系图中的叠加性噪声

由图 3-14 可知，噪声图像的数目越多，使用加法计算去除叠加性噪声的效果越好。

（2）生成图像叠加效果。

对于两个图像 $f(x,y)$ 和 $h(x,y)$ 的均值有

$$g(x,y)=\left[f(x,y)+h(x+y)\right]/2 \tag{3-14}$$

推广这个公式为

$$g(x,y)=\alpha f(x,y)+\beta h(x,y) \tag{3-15}$$

$\alpha+\beta=1$，我们可以得到各种图像合成的效果，也可以用于两张图片的衔接。

由图 3-15 可知，加法计算可实现两幅图像的叠加效果。

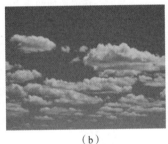

（a）　　　　　　　　　　（b）　　　　　　　　　　（c）

图 3-15　加法计算生成图像叠加效果图（附彩插）

（a）原始图像 1；（b）原始图像 2；（c）叠加图像

2）减法计算的主要应用举例

（1）去除不需要的叠加性图案（混合图像分离）。

假设背景图像 $b(x,y)$，前景背景混合图像 $f(x,y)$，则有

$$g(x,y)=f(x,y)-b(x,y) \tag{3-16}$$

式中：$g(x,y)$——去除了背景的图像。

用图 3-16（b）减去图 3-16（c），即用混合图像减去背景图像，即可得到前景图像 3-16（a）。

（2）检测同一场景两幅图像之间的变化。

假设时间 1 的图像为 $T_1(x,y)$，时间 2 的图像为 $T_2(x,y)$，则有

$$g(x,y)=T_2(x,y)-T_1(x,y) \tag{3-17}$$

用图 3-17（b）减去图 3-17（c），即可得到两幅图的差分图，即图 3-17（a）。

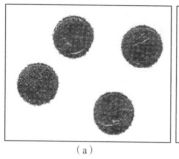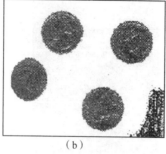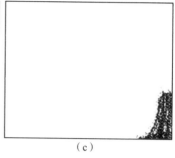

| （a） | （b） | （c） |

图 3-16　减法计算实现图像分离效果图

（a）前景图像；（b）前景背景混合图像；（c）背景图像

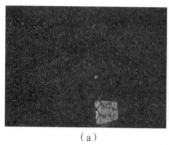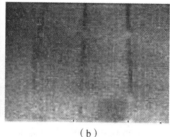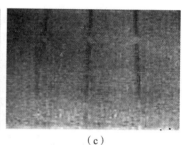

| （a） | （b） | （c） |

图 3-17　检测同一场景两幅图像之间的变化

（a）减法计算差分图；（b）时间 1 的图像；（c）时间 2 的图像

3）乘法计算的主要应用举例

图像的局部显示是用二值蒙板图像与原图像做乘法，即将一幅图像与二值图像相乘，做掩模操作，可以用来遮掉图像的一部分。

由图 3-18 可知，经过乘法计算后，图像中感兴趣的图像区域突出显示。

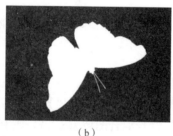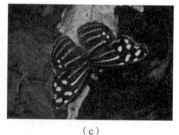

| （a） | （b） | （c） |

图 3-18　乘法计算效果图（附彩插）

（a）乘法计算；（b）二值蒙板图像；（c）原始图像

4）除法计算的主要应用举例

校正由于照明或传感器的非均匀性造成的图像灰度阴影。

由图 3-19 可知，经过除法计算后，原始图像中的灰度阴影被消除，图像变得清晰。

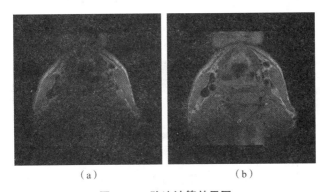

图 3-19 除法计算效果图

（a）原始图像；（b）除法计算后的图像

3.1.2.2 逻辑运算

逻辑运算是对二值变量进行的运算，所谓二值变量是指只有 0、1 两个值的变量。对整幅图像的逻辑运算是逐像素进行的，即两幅图像进行点对点的与、或、异或、非运算。

与运算为

$$g(x,y)=f(x,y) \wedge h(x,y) \tag{3-18}$$

或运算为

$$g(x,y)=f(x,y) \vee h(x,y) \tag{3-19}$$

异或运算为

$$g(x,y)=f(x,y) \oplus h(x,y) \tag{3-20}$$

非运算为

$$g(x,y)=-f(x,y) \tag{3-21}$$

1）与运算的主要应用举例。

（1）与运算求两个子图像的相交子图，如图 3-20 所示。

图 3-20 与运算求两个子图像的相交子图

（2）模板运算：提取感兴趣的子图像，如图 3-21 所示。

图 3-21 与运算提取感兴趣的子图像

（a）原始图像；（b）模板图像；（c）感兴趣的子图像

2）或运算的主要应用举例

（1）或运算合并子图像，如图 3-22 所示。

图 3-22　或运算合并子图像

（2）模板运算：提取感兴趣的子图像，如图 3-23 所示。

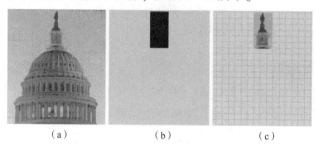

（a）　　　　　　（b）　　　　　　（c）

图 3-23　或运算提取感兴趣的子图像

（a）原始图像；（b）模板图像；（c）感兴趣的子图像

3）异或运算的主要应用举例

异或运算获得相交子图像，如图 3-24 所示。

图 3-24　异或运算获得相交子图像

4）非运算的主要应用举例

（1）非运算获得一个阴图像，如图 3-25 所示。

（a）　　　　　　　　　　　　（b）

图 3-25　非运算获得一个阴图像（附彩插）

（a）原始图像；（b）阴图像

（2）非运算获得一个子图像的补图像，如图 3-26 所示。

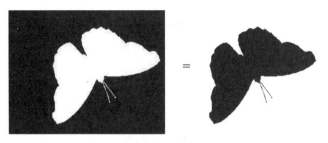

图 3-26　非运算获得一个子图像的补图像

3.2　几何变换

图像的几何变换是将一幅图像中的坐标映射到另外一幅图像中的新坐标位置，它不改变图像的像素值，只是改变像素所在的几何位置，使原始图像按照需要产生位置、形状和大小的变化。几何变换的基本变换包括平移、镜像、转置、比例缩放、旋转、剪切，此外还有透视变换、几何变形等复合变换，下面对这些变换展开详细介绍。

3.2.1　平移、镜像与转置

3.2.1.1　图像平移

图像平移是几何变换中常见的变换之一，它是将一幅图像上的所有点都按照给定的偏移量在水平方向、垂直方向上沿轴移动，平移后的图像与原图像大小相同。

图像是由像素组成的，而像素的集合就相当于一个二维的矩阵，每一个像素都有一个位置，也就是像素都有一个坐标。假设原来的像素的位置坐标为 (x_0, y_0)，经过平移量 $(\Delta x, \Delta y)$ 后，坐标变为 (x_1, y_1)，如图 3-27 所示。

数学表达式为

$$\begin{cases} x_1 = x_0 + \Delta x \\ y_1 = y_0 + \Delta y \end{cases} \tag{3-22}$$

图 3-28 是图像平移前后的效果对比。

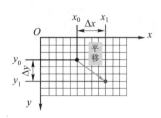

图 3-27　图像的平移

（a）　　　　　　　　　　（b）

图 3-28　图像平移前后的效果对比（附彩插）
（a）原始图像；（b）平移后图像

3.2.1.2　图像镜像

图像镜像分为两种，一种是水平镜像，另一种是垂直镜像。水平镜像是指图像的左半部分和右半部分以图像竖直中轴线为中心轴进行对换；垂直镜像是指图像的上半部分和下半部分以图像水平中轴线为中心轴进行对换。

水平镜像中，原图中的(x_0, y_0)经过水平镜像后，坐标变成了$(M-x_0, y_0)$，如图 3-29 所示。数学表达式为

$$\begin{cases} x_1 = M - x_0 \\ y_1 = y_0 \end{cases} \tag{3-23}$$

图 3-30 是图像水平镜像前后的效果对比。

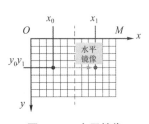

图 3-29　水平镜像

（a）　　　　　　　　　　　（b）

图 3-30　图像水平镜像前后的效果对比（附彩插）

（a）原始图像；（b）水平镜像后的图像

垂直镜像中，原图中的(x_0, y_0)经过垂直镜像后，坐标变成了$(x_0, N-y_0)$，如图 3-31 所示。

数学表达式为

$$\begin{cases} x_1 = x_0 \\ y_1 = N - y_0 \end{cases} \tag{3-24}$$

图 3-32 是图像垂直镜像前后的效果对比图。

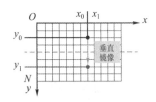

图 3-31　垂直镜像

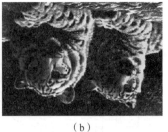

（a）　　　　　　　　　　　（b）

图 3-32　图像垂直镜像前后的效果对比（附彩插）

（a）原始图像；（b）垂直镜像后的图像

3.2.1.3　图像转置

图像转置即将图像的行列坐标互换，需要注意的是，进行图像转置后，图像的高度和

宽度也将互换。图像的转置用数学公式描述为

$$\begin{cases} x_1 = y_0 \\ y_1 = x_0 \end{cases} \qquad\qquad (3-25)$$

图 3-33 是图像转置前后的效果对比。

（a）　　　　　　　　　　　（b）

图 3-33　图像转置前后的效果对比（附彩插）

（a）原始图像；（b）转置后的图像

3.2.2　缩放、旋转与剪切

3.2.2.1　图像缩放

图像缩放是将给定的图像在 x 轴方向按比例缩放 fx 倍，在 y 轴方向按比例缩放 fy 倍，从而获得一幅新的图像。图像缩放效果如图 3-34 所示。

若 $fx = fy$，则为全比例放缩；若 $fx \neq fy$，则产生几何畸变。

$fx = fy = 1/2$ 是简单的图像比例缩小，此时图像被缩到原图的 1/4 倍，如图 3-35 所示。

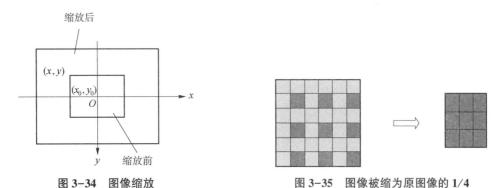

图 3-34　图像缩放　　　　　　　图 3-35　图像被缩为原图像的 1/4

$fx = fy = 2$ 是简单的图像比例放大，此时图像被放大到原图的 2 倍，放大后图像(0,0)位置的像素值对应于原图(0,0)位置的像素值，(0,1)位置的像素值对应于原图中(0,0.5)

位置的像素值，但(0,0.5)位置在图像中并不存在，这时应该怎么办呢？用插值方法解决即可，最简单的插值方法是，将原图中(0,0.5)位置的像素值近似为(0,0)位置的像素值，也可以近似为(0,1)位置的像素值，以此类推。此外，常用的插值方法有最近邻插值和双线性插值等，这两种插值方法将在 6.4.2.2 小节详细介绍。

图 3-36 是图像缩放前后的效果对比。

（a）　　　　　　　　（b）　　　　　　　　（c）

图 3-36　图像缩放前后的效果对比

（a）原始图像；（b）缩小后的图像；（c）放大后的图像

由图 3-36 可知，随着图像放大倍数的增长，图像的清晰度会受到影响，图像放大倍数越大，图像就随之变得越来越模糊。

3.2.2.2　图像旋转

图像旋转属于图像位置变换，通常是以图像的中心为原点，将图像上的所有像素都旋转一个相同的角度，旋转后，图像的大小一般会改变。图像旋转 θ 角示意如图 3-37 所示。

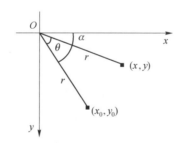

图 3-37　图像旋转 θ 角示意

由图 3-37 可知，假设图像旋转 θ 角，原图像的坐标点 (x_0,y_0) 对应旋转后图像的坐标点 (x,y)，那么

$$\begin{cases} x_0=r\cos\ \alpha \\ y_0=r\sin\ \alpha \end{cases} \tag{3-26}$$

$$\begin{cases} x=r\cos(\alpha-\theta)=r\cos\ \alpha\cos\ \theta+r\sin\ \alpha\sin\ \theta=x_0\cos\ \theta+y_0\sin\ \theta \\ y=r\sin(\alpha-\theta)=r\sin\ \alpha\cos\ \theta+r\cos\ \alpha\sin\ \theta=-x_0\sin\ \theta+y_0\cos\ \theta \end{cases} \tag{3-27}$$

则旋转后图像的坐标点与原图像的坐标点之间的关系为

$$\begin{bmatrix} x \\ y \\ 1 \end{bmatrix} = \begin{bmatrix} \cos\theta & \sin\theta & 0 \\ -\sin\theta & \cos\theta & 0 \\ 0 & 0 & 1 \end{bmatrix} \begin{bmatrix} x_0 \\ y_0 \\ 1 \end{bmatrix} \qquad (3-28)$$

式中：θ——图像逆时针旋转的角度。

图 3-38 是图像旋转前后的效果对比。

（a）　　　　　　　　　　　　（b）

图 3-38　图像旋转前后的效果对比

（a）原始图像；（b）旋转后的图像

3. 2. 2. 3　图像剪切

在进行图像处理的过程中，有时候用户只对采集图像的部分区域感兴趣，这时候就需要对原始图像进行剪切。MATLAB 的 IPT 提供了函数 imcrop( )进行图像的剪切，下面用一段简短的程序及其运行结果（见图 3-39）向大家展示图像剪切操作。

```
close all; clear; clc;
warning off all;
imgdat = imread(' flower. jpg' );
cropimg = imcrop(imgdat);
%用户以交互方式使用鼠标选定要剪切的区域
subplot(1,3,1);
imshow(imgdat);
title(' 图 1 原图' );
subplot(1,3,2);
imshow(cropimg);
title(' 图 2 鼠标选定要剪切的区域' );
cropimg_2 = imcrop(imgdat, [200, 200, 300, 300]);
% I2 = imcrop(I,[a b c d]);%利用剪切函数剪切图像,其中,(a,b)表示剪切后左上角像素在原图像中
的位置;c 表示剪切后图像的宽,d 表示剪切后图像的高
subplot(1,3,3);
imshow(cropimg_2);
title(' 图 3 指定剪切区域' );
```

图1 原图

图2 鼠标选定要剪切的区域　图3 指定剪切区域

（a）　　　　　　　　　　　　　（b）

图 3-39　图像剪切操作

（a）选取图像剪切区域；（b）图像剪切结果展示

3.2.3　透视变换与几何变形

3.2.3.1　透视变换

透视变换是把一个图像投影到一个新的视平面的过程，包括把一个二维坐标系转换为三维坐标系，然后把三维坐标系投影到新的二维坐标系。该过程是一个非线性变换过程，因此，一个平行四边形经过透视变换后只得到四边形，但不平行，但是透视变换能保持"直线性"，即原图像里面的直线，经透视变换后仍为直线。透视变换矩阵变换公式为

$$
\begin{bmatrix} X \\ Y \\ Z \end{bmatrix} = \begin{bmatrix} a_{11} & a_{12} & a_{13} \\ a_{21} & a_{22} & a_{23} \\ a_{31} & a_{32} & a_{33} \end{bmatrix} \begin{bmatrix} x \\ y \\ 1 \end{bmatrix} \tag{3-29}
$$

其中，透视变换矩阵为

$$
A = \begin{bmatrix} a_{11} & a_{12} & a_{13} \\ a_{21} & a_{22} & a_{23} \\ a_{31} & a_{32} & a_{33} \end{bmatrix} \tag{3-30}
$$

要移动的点，即源目标点为

$$
\begin{bmatrix} x \\ y \\ 1 \end{bmatrix} \tag{3-31}
$$

另外定点，即移动到的目标点为

$$
\begin{bmatrix} X \\ Y \\ Z \end{bmatrix} \tag{3-32}
$$

以上是从二维空间变换到三维空间的转换，但图像在二维平面，故除以 Z，(X', Y', Z') 表示图像上的点为

$$\begin{cases} X' = \dfrac{X}{Z} \\[2mm] Y' = \dfrac{Y}{Z} \\[2mm] Z' = \dfrac{Z}{Z} \end{cases} \Rightarrow \begin{cases} X' = \dfrac{a_{11}x + a_{12}y + a_{13}}{a_{31}x + a_{32}y + a_{33}} \\[2mm] Y' = \dfrac{a_{21}x + a_{22}y + a_{23}}{a_{31}x + a_{32}y + a_{33}} \\[2mm] Z' = 1 \end{cases} \tag{3-33}$$

令 $a_{33} = 1$，展开上面公式，得到一个点的情况为

$$\begin{cases} a_{11}x + a_{12}y + a_{13} - a_{31}xX' - a_{32}yX' = X' \\ a_{21}x + a_{22}y + a_{23} - a_{31}xY' - a_{32}yY' = Y' \end{cases} \tag{3-34}$$

透视变换过程中需要知道 4 个点之间的对应关系，因此由 4 个点可以得到以下 8 个方程，即可解出 A。

$$\begin{bmatrix} x & y & 1 & 0 & 0 & 0 & -xX' & -yX' \\ 0 & 0 & 0 & x & y & 1 & -xY' & -yY' \\ \vdots & \vdots & \vdots & \vdots & \vdots & \vdots & \vdots & \vdots \\ \cdots & \cdots & \cdots & \cdots & \cdots & \cdots & \cdots & \cdots \end{bmatrix} \begin{bmatrix} a_{11} \\ a_{12} \\ \vdots \\ a_{32} \end{bmatrix} = \begin{bmatrix} X' \\ Y' \\ \vdots \\ \vdots \end{bmatrix} \tag{3-35}$$

图 3-40 是图像透视变换前后的效果对比。

（a）　　　　　　　　　　　　（b）

图 3-40　图像透视变换前后的效果对比

（a）原始图像；（b）透视变换后的图像

由于角度问题，某些证件照片难免会出现一些倾斜的问题，如图 3-40（a）所示；透视变换要解决的就是通过一系列的操作，将倾斜的照片变得周正，如图 3-40（b）所示。

3.2.3.2　几何变形

几何变形指原始图像上各个物体的几何位置、形状、尺寸、方位等特征产生变形。图 3-41 是几何变形（扭曲图像校正）前后的效果对比。

图3-41 图像几何变形（扭曲图像校正）·前后的效果对比（附彩插）

（a）扭曲图像；（b）校正图像

3.3 图像邻域运算

邻域运算是指输出图像中每个像素的灰度值是由输入图像的一个邻域内的几个像素的灰度值共同决定的。通常像素点的邻域是一个远小于图像自身尺寸、形状规则的像素块，如3×3正方形、2×3矩形或近似圆形的多边形。

首先我们需了解十字邻域、方形邻域、3点邻域的概念。如图3-42所示，十字邻域指当前像素的上、下、左、右4点；方形邻域指十字邻域再加上当前像素对角线方向上的4个邻点总共8个点；3点邻域指当前像素的上、下两个点。

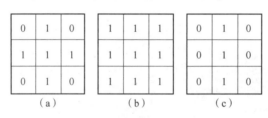

图3-42 像素邻域

（a）十字邻域；（b）方形邻域；（c）3点邻域

邻域运算指根据当前像素周围的像素信息，更准确地修改当前像素的值，即输出的像素值由包含当前像素的一个邻域中的几个像素的像素值决定，可通过"邻域平均"方法进行图像的平滑处理。图像平滑处理的目的是去除图像中的噪声，常用的邻域平均窗口有十字邻域、方形邻域、3点邻域3种，即对窗口范围内的像素的灰度值进行平均值计算，然后将当前像素的灰度值用它所在邻域内像素的灰度值的平均值代替即可，其优点是算法简单，其缺点是会造成图像中物体边缘的模糊。

此外，常见的邻域运算就是模板运算。模板就是一个系数矩阵，模板的大小经常是奇数，如3×3，5×5，7×7等，图3-43就是一个简单的3×3模板。

模板运算就是对图像中某个像素重新赋值为其本身原有灰度值与相邻像素的灰度值的函数。例如，考虑图3-44（a）所示的子图区域，将图3-44（b）给出的模板中心放在z_5上，用模板上对应的系数与模板下的像素相乘，并将累加结果重新赋值给z_5即可。

w_1	w_2	w_3
w_4	w_5	w_6
w_7	w_8	w_9

图 3-43 3×3 模板

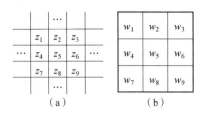

（a）　　　　　　　（b）

图 3-44 模板运算图解

（a）待操作图像子图部分；（b）3×3 模板

3.4 习题

选择

1. 图像几何运算是（　　）。

A. 图像的空间变换　　　　　　　　B. 图像的灰度变换

C. 图像像素灰度的拉伸　　　　　　D. 图像的对比度增强

2. 图像的位置变换不包括（　　）。

A. 平移　　　　　B. 旋转　　　　　C. 剪切　　　　　D. 镜像

3. 下列算法中属于图像形状变换的是（　　）。

A. 平移　　　　　B. 镜像　　　　　C. 剪切　　　　　D. 旋转

4. 假设 (i,j) 是原始图像 $F(i,j)$ 的像素点坐标，(i',j') 是使用公式 $\begin{cases} i'=i\cos\theta-j\sin\theta \\ j'=i\sin\theta+j\cos\theta \end{cases}$ 对图像 $F(i,j)$ 进行变换得到的新图像 $G(i',j')$ 的像素点坐标。该变换过程是（　　）。

A. 图像镜像　　　B. 图像旋转　　　C. 图像放大　　　D. 图像缩小

5. 关于图像缩小处理，下列说法正确的是（　　）。

A. 图像的缩小只能按比例进行

B. 利用基于等间隔采样的图像缩小方法对图像进行处理时，不需要计算出采样间隔

C. 图像的缩小不能按比例进行

D. 图像的缩小是从原始图像中选择合适的像素点，使图像缩小后可以尽量保持原有图像的概貌特征不丢失

填空

1. 图像的基本位置变换包含了图像的_____、镜像及旋转。

2. 图像经过平移处理后，图像的大小_____变化（填"发生"或"不发生"）。

3. 如果当前点像素值为 1，其 4 近邻像素中至少有一个点像素值为 1，即认为存在两点间的通路，称为_____。

4. 通常用来有效地削弱图像的叠加性随机噪声的运算是_____。

5. 通常用于动态监测、运动目标检测和跟踪、图像背景消除的运算是_____。

6. 通常用来遮蔽图像的某些部分的运算是_____。

7. 通常用来显示图像中的隐伏构造的运算是_____。

8. 图像中某个像素的上、下、左、右 4 个像素和 4 个对角线像素一起称为该像素的_____。

9. 互为 4 邻域的两像素称为_____。

简答

1. 简述像素、邻域的概念。

2. 图像之间的运算有哪些？

3. 什么是图像的几何变换？

4. 图像的旋转变换对图像的质量有无影响？为什么？

5. 图像的镜像变换包括几种情况？各有何特点？

6. 在图像放大变换中，如果放大倍数太大，那么会产生马赛克现象吗？为什么？有哪些方法可以解决这个问题？

7. 一幅 256×256 的图像，若灰度级数为 16，求解存储它所需的比特数。

8. 已知一幅 3×3 的数字图像 $f = \begin{bmatrix} 1 & 2 & 4 \\ 5 & 6 & 3 \\ 9 & 8 & 7 \end{bmatrix}$，求进行以下处理后的新图像。

（1）将 f 水平向右移动 2 个单位，再垂直向下移动 1 个单位，求解移动后的新图像 f_1；

（2）求将 f 进行水平镜像处理后的 f_2。

第4章

图像变换

在数字信号的处理技术中，常需要将原定义在时域空间的信号以某种形式转换到频域空间，并利用频域空间的特有性质方便地进行定量加工，最后转换到时域空间以得到所需的效果。在数字图像处理中，这一方法仍然有效，图像函数经过频域变换后处理起来较变换前更加简单和方便，在图像去噪、图像压缩、特征提取和图像识别方面发挥着重要的作用。由于这种变换是对图像函数而言的，所以称为图像变换。在图像处理和分析技术的发展中，傅里叶变换是图像变换的典型代表，一直以来起着重要的作用，本章对傅里叶变换做了详细介绍，并介绍了经典的离散余弦变换、离散沃尔什变换以及小波变换，最后，以"图像频域分析算法及在监控视频分析中的应用"的设计与实现为例，说明图像变换技术的应用与系统设计，加深读者对图像变换的认识。本章的内容框架图如图 4-1 所示。

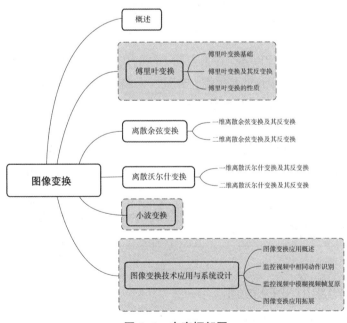

图 4-1 内容框架图

学习目标：了解傅里叶变换和频域的概念，了解离散余弦变换、离散沃尔什变换和小波变换的概念；掌握图像变换的应用。

学习重点：掌握图像的傅里叶变换及小波变换，能将图像变换知识加以应用。

学习难点：傅里叶变换、小波变换的理解与应用。

4.1　概述

为了有效且快速地对图像进行处理和分析，需要将原定义在图像空间的图像以某种形式转换到另外的空间，利用空间的特有性质方便地进行一定的加工，最后再转换回图像空间以得到所需的效果，即图像变换。图像变换是以数学为工具的许多图像处理和分析技术的基础，把图像从一个空间变换到另一个空间，有利于实施如滤除噪声等不必要信息的加工、处理操作，能加强或提取图像中感兴趣的部分或特征。图 4-2 是同一幅图像在空间域（空域）和频域展现出的不同的画面效果。

（a）　　　　　　　　　　　　（b）

图 4-2　相同图像在不同域空间的画面效果展示

（a）空域图像；（b）频域图像

由图 4-2 可知，空域图像以各个像素点间不同的灰度信息区分画面内容，它是人类视觉所看到的图像，其信息具有很强的相关性，并且以人类易于理解的画面形式存在；而对于频域图像而言，幅值、频率都是常用的图像描述方式，频域图像画面内容较为抽象，不易理解，但图像变换技术是对图像信息进行变换，是使能量保持但重新分配的过程，这就意味着图像画面不同只是域空间的不同而导致的画面内容的相异，但图像包含的信息并没有改变，只需将图像重新转换到人们易于理解的空域即可得到熟悉且易懂的画面内容。

4.2　傅里叶变换

4.2.1　傅里叶变换基础

用户常常根据需要选择图像是工作在空域还是频域，并在必要时在不同域之间相互转换，傅里叶变换就提供了一种将图像从空域变换到频域的手段，并且由于使用傅里叶变换表示的函数特征可以完全通过傅里叶反变换在不丢失任何信息的前提下进行重建，因此它可以较为完美地使图像从频域转换回空域。

时间域也称时域，指从时间的范畴来研究振动，其横坐标是时间，纵坐标是振幅。在时域内，振动的振幅随时间作连续变化的图形称为波形，若在满足采样定理的前提下，取合适的采样间隔，将波形在一定时间间隔上采样，所取得的振幅值就可以以一种离散的形式描述振动的波形。频域指从频率角度出发来分析函数，和时域相对存在。在频域中，纵坐标也是振幅，但与时域相区分的是，频域中横坐标变为频率，而非时间。而傅里叶变换就是在以"时间"为自变量的"信号"和以"频率"为自变量的"频谱"函数之间的某种变换关系。

举一个易于理解的例子来简单说明时域与频域：我们看到的世界都以时间贯穿，股票的走势、人的身高、汽车的轨迹都会随着时间发生改变，这种以时间作为参照来观察动态世界的方法我们称其为时域分析。我们想当然地认为，世间万物都在随着时间不停地改变，并且永远不会静止下来，但如果用另一种方法来观察世界的话，你会发现世界是永恒不变的，这个静止的世界就称为频域。例如，我们认为音乐是一个随着时间变化的振动，但如果站在频域的角度来讲，音乐就是一个随着频率变化的振动，因为在频域是没有时间的概念的，因此从频域的角度来看，音乐是静止的。由此可得，当我们站在时域的角度观察频域的世界时，看到的当然就会是一个静止的频域世界了。将这种神奇的域空间关系应用于图像处理领域，就能完成一些在空域难以完成的工作。

图 4-3 中第一幅图是 1 个正弦波，第二幅图是 2 个正弦波的叠加，第三幅图是 7 个正弦波的叠加，第四幅图是 13 个正弦波的叠加，随着叠加的递增，正弦波中原本缓慢上升下降的曲线变得陡峭，但众多较为陡峭的曲线的集合使得原本的正弦波变得趋于水平线，因此一个矩形就这么叠加而成了。但是，要多少个正弦波叠加起来才能形成一个标准 90°角的矩形波呢？答案是无穷多个。因为正弦波的个数可以有无数个，而这无数个正弦波的振幅、频率（周期）又各不相同，因此，不仅仅是矩形，你能想到的任何波形都可以由正弦波用此方法叠加起来，即任何函数的波形都可以用正弦波的叠加来构成。

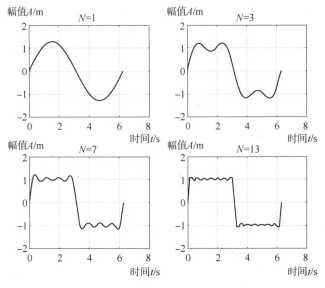

图 4-3　不同个数的正弦波叠加图

换个角度看正弦波累加成矩形波的过程,如图4-4所示,图中最前面黑色的线就是所有正弦波叠加而成的总和,也就是越来越接近矩形波的那个图形,而后面依不同颜色排列而成的正弦波就是组合为矩形波的各个分量,这些正弦波按照频率从低到高从前向后排列开来,且每一个波的振幅都是不同的。每两个正弦波之间有一条直线,那并不是分割线,而是振幅为0的正弦波,即为了组成特殊的曲线,有些正弦波成分是不需要的。换句话说,通过傅里叶分解,可以将原始函数 $f(x)$ 展开为一系列不同频率的正弦、余弦函数的加权和。

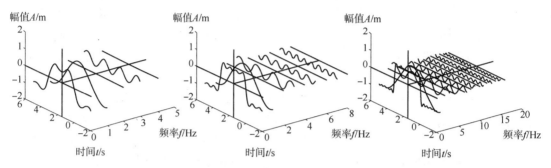

图 4-4   将原始函数分解为正弦、余弦函数的加权和

如图4-5所示,通过时域到频域的变换,我们可以得到一个从侧面看的频谱,很多在时域看似不可能做到的数学操作,在频域则很容易实现,这就是需要傅里叶变换的地方,尤其是从某条曲线中去除一些特定的频率成分,这在工程上称为滤波,是信号处理最重要的概念之一,只有在频域才能轻松地做到。

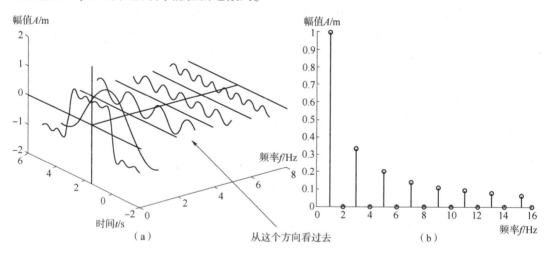

图 4-5   频域图与频谱
(a) 频域图;(b) 频谱

基础的正弦波 $A\sin(wt+\theta)$ 中,振幅、频率、相位缺一不可,因为频谱只代表每一个对应正弦波的振幅,而没有提到相位,即频谱中并没有包含时域中全部的信息,而相位决定了正弦波的位置,所以对于频域分析,仅仅有频谱(振幅谱)是不够的,我们还需要一个相位谱。鉴于正弦波是周期的,在正弦波上取点来标记正弦波的位置,并将其投影到下平面,投影至下平面的点即可表示波峰所处的位置离频率轴的距离,不过,这个值并不是

相位值，在完整的立体图中，我们将投影得到的时间差依次除以所在频率的周期，就得到了图 4-6（b）最下面的相位谱。

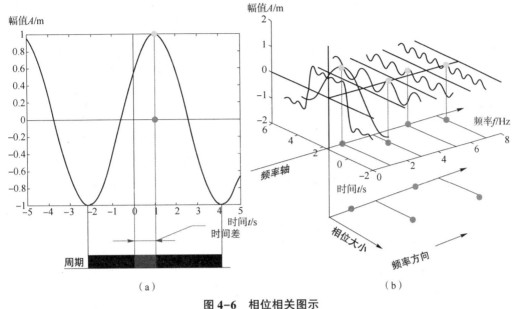

图 4-6　相位相关图示

（a）正弦波图解；（b）相频特性曲线

时域图像、频域图像、相位谱在一张图中如图 4-7 表示。

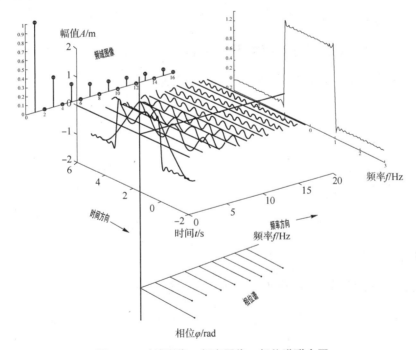

图 4-7　时域图像、频率图像、相位谱联合图

傅里叶原理表明，任何连续测量的时序或信号，都可以表示为不同频率的正弦波信号的无限叠加，而正弦函数在物理上是被充分研究而相对简单的函数类。根据该原理创立的

傅里叶变换算法利用直接测量到的原始信号，以累加方式来计算该信号中不同正弦波信号的频率、振幅和相位。在不同的研究领域，傅里叶变换具有多种不同的变体形式，如连续傅里叶变换、离散傅里叶变换、快速傅里叶变换、短时傅里叶变换等，在数字图像处理中使用较多的是二维离散傅里叶变换。

4.2.2 傅里叶变换及其反变换

4.2.2.1 一维连续傅里叶变换及反变换

假设 $f(x)$ 为实变量 x 的一维连续函数，当 $f(x)$ 满足狄里赫莱条件，即 $f(x)$ 具有有限个间断点、具有有限个极值点、绝对可积时，其傅里叶变换和其反变换一定存在（实际应用中，这些条件基本上均可满足），$f(x)$ 的傅里叶变换以 $F(u)$ 来表示，即

$$F(u) = \int_{-\infty}^{+\infty} f(x) e^{-j2\pi ux} dx \tag{4-1}$$

式中：$F(u)$——$f(x)$ 的傅里叶变换；

$\quad$ j——虚数单位 $j = \sqrt{-1}$；

$\quad$ u——频率变量。

给定 $F(u)$，通过傅里叶反变换可以得到 $f(x)$ 为

$$f(x) = \int_{-\infty}^{+\infty} F(u) e^{j2\pi ux} du \tag{4-2}$$

式中各字母含义同式（4-1）。

4.2.2.2 二维连续傅里叶变换及反变换

二维连续函数 $f(x,y)$ 的傅里叶变换 $F(u,v)$ 定义为

$$F(u,v) = \int_{-\infty}^{\infty} \int_{-\infty}^{\infty} f(x,y) e^{-j2\pi(ux+vy)} dxdy \tag{4-3}$$

式中：j——虚数单位 $j = \sqrt{-1}$；

$\quad$ u、v——频率变量。

给定 $F(u,v)$，通过傅里叶反变换可以得到 $f(x,y)$ 为

$$f(x,y) = \int_{-\infty}^{\infty} \int_{-\infty}^{\infty} F(u,v) e^{j2\pi(ux+vy)} dudv \tag{4-4}$$

式中各字母含义同式（4-3）。

4.2.2.3 一维离散傅里叶变换（DFT）及反变换

单变量离散函数 $f(x)(x=0,1,2,\cdots,M-1)$ 的傅里叶变换 $F(u)$ 定义为

$$F(u) = \frac{1}{M}\sum_{x=0}^{M-1} f(x) e^{-j2\pi ux/M}, u = 0,1,2,\cdots,M-1 \tag{4-5}$$

式中：x——离散实变量；

$\quad$ u——离散频率变量。

给定 $F(u)$，通过傅里叶反变换可以得到 $f(x)$ 为

$$f(x) = \sum_{u=0}^{M-1} F(u) e^{j2\pi ux/M}, x = 0,1,2,\cdots,M-1 \tag{4-6}$$

式中各字母含义同式（4-5）。

从欧拉公式 $e^{j\theta} = \cos\theta + j\sin\theta$ 可得

$$F(u) = \frac{1}{M}\sum_{x=0}^{M-1} f(x) e^{j(-2\pi ux)/M}$$

$$= \frac{1}{M}\sum_{x=0}^{M-1} f(x)\left[\cos(-2\pi ux)/M + j\sin(-2\pi ux)/M\right]$$

$$= \frac{1}{M}\sum_{x=0}^{M-1} f(x)(\cos 2\pi ux/M - j\sin 2\pi ux/M) \tag{4-7}$$

傅里叶变换的极坐标表示为

$$F(u) = |F(u)| e^{-j\varphi(u)} \tag{4-8}$$

式中：$|F(u)|$——幅度或频率谱；

$\varphi(u)$——相角或相位谱。

幅度或频率谱表示为

$$|F(u)| = \left[R(u)^2 + I(u)^2\right]^{\frac{1}{2}} \tag{4-9}$$

式中：$R(u)$——$F(u)$ 的实部；

$I(u)$——$F(u)$ 的虚部。

相角或相位谱表示为

$$\varphi(u) = \arctan\left[\frac{I(u)}{R(u)}\right] \tag{4-10}$$

功率谱表示为

$$P(u) = |F(u)|^2 = R(u)^2 + I(u)^2 \tag{4-11}$$

$f(x)$ 的离散表示为

$$f(x) \cong f(x_0 + x\Delta x), x = 0,1,2,\cdots,M-1 \tag{4-12}$$

$F(u)$ 的离散表示为

$$F(u) \cong F(u\Delta u), u = 0,1,2,\cdots,M-1 \tag{4-13}$$

4.2.2.4　二维离散傅里叶变换及反变换

图像尺寸为 $M×N$ 的函数 $f(x,y)$ 的离散傅里叶变换为

$$F(u,v) = \frac{1}{MN}\sum_{x=0}^{M-1}\sum_{y=0}^{N-1} f(x,y) e^{-j2\pi(ux/M+vy/N)}, u=0,1,2,\cdots M-1, v=0,1,2,\cdots,N-1 \tag{4-14}$$

给出 $F(u,v)$，可通过离散傅里叶反变换得到 $f(x,y)$ 为

$$f(x,y) = \sum_{u=0}^{M-1}\sum_{v=0}^{N-1} F(u,v) e^{j2\pi(ux/M+vy/N)}, x=0,1,2,\cdots,M-1, y=0,1,2,\cdots,N-1 \tag{4-15}$$

式中：u，v——频率变量；

x，y——空间或图像变量。

二维离散傅里叶变换的极坐标表示为

$$F(u,v) = |F(u,v)| e^{-j\varphi(u,v)} \tag{4-16}$$

幅度或频率谱表示为

$$|F(u,v)| = \left[R(u,v)^2 + I(u,v)^2 \right]^{\frac{1}{2}} \tag{4-17}$$

式中：$R(u,v)$——$F(u,v)$的实部；

$I(u,v)$——$F(u,v)$的虚部。

相角或相位谱表示为

$$\varphi(u,v) = \arctan\left[\frac{I(u,v)}{R(u,v)} \right] \tag{4-18}$$

功率谱表示为

$$P(u,v) = |F(u,v)|^2 = R(u,v)^2 + I(u,v)^2 \tag{4-19}$$

4.2.3 傅里叶变换的性质

注：以$\Leftrightarrow$表示函数和其傅里叶变换的对应性。

1）平移性质

$$f(x,y) e^{j2\pi(u_0 x/M + v_0 y/N)} \Leftrightarrow F(u-u_0, v-v_0) \tag{4-20}$$

$$f(x-x_0, y-y_0) \Leftrightarrow F(u,v) e^{-j2\pi(ux_0/M + vy_0/N)} \tag{4-21}$$

式（4-20）表明将$f(x,y)$与一个指数项相乘就相当于把其变换后的频域中心移动到新的位置；式（4-21）表明将$F(u,v)$与一个指数项相乘就相当于把其变换后的空域中心移动到新的位置，且对$f(x,y)$的平移不影响其傅里叶变换的幅值。

当$u_0 = M/2$且$v_0 = N/2$，有

$$e^{j2\pi(u_0 x/M + v_0 y/N)} = e^{j\pi(x+y)} = (-1)^{x+y} \tag{4-22}$$

代入式（4-20）和式（4-21），得到

$$f(x,y)(-1)^{x+y} \Leftrightarrow F(u-M/2, v-N/2) \tag{4-23}$$

$$f(x-M/2, y-N/2) \Leftrightarrow F(u,v)(-1)^{u+v} \tag{4-24}$$

2）分配率

根据傅里叶变换的定义，可得

$$I[f_1(x,y) + f_2(x,y)] = I[f_1(x,y)] + I[f_2(x,y)] \tag{4-25}$$

$$I[f_1(x,y) f_2(x,y)] \neq I[f_1(x,y)] I[f_2(x,y)] \tag{4-26}$$

上述公式表明，傅里叶变换对加法满足分配律，但对乘法则不满足。

3）尺度变换（缩放）

给定2个标量a和b，可以证明傅里叶变换对下列2个公式成立。

$$af(x,y) \Leftrightarrow aF(u,v) \tag{4-27}$$

$$f(ax,ay) \Leftrightarrow \frac{1}{|ab|} F(u/a,v/b) \qquad (4-28)$$

4）旋转性

引入极坐标 $x = r\cos\theta$，$y = r\sin\theta$，$u = w\cos\varphi$，$v = w\sin\varphi$，将 $f(x,y)$ 和 $F(u,v)$ 转换为 $f(r,\theta)$ 和 $F(\omega,\varphi)$，将它们代入傅里叶变换得到

$$f(r,\theta+\theta_0) \Leftrightarrow F(\omega,\varphi+\theta_0) \qquad (4-29)$$

由上式可知，$f(x,y)$ 旋转角度 θ_0，$F(u,v)$ 也将转过相同的角度；$F(u,v)$ 旋转角度 θ_0，$f(x,y)$ 也将转过相同的角度。

5）周期性和共轭对称性

周期性和共轭对称性表达式为

$$F(u,v) = F(u+M,v) = F(u,v+N) = F(u+M,v+N) \qquad (4-30)$$

$$f(x,y) = f(x+M,y) = f(x,y+N) = f(x+M,y+N) \qquad (4-31)$$

上述公式表明，尽管 u 和 v 的值重复出现无穷次，但只需根据在一个周期里出现的 N 次的值就可以由 $F(u,v)$ 得到 $f(x,y)$，即只需一个周期里的变换就可将 $F(u,v)$ 在频域里完全确定。同样的结论对 $f(x,y)$ 在空域时也成立。

如果 $f(x,y)$ 是实函数，则它的傅里叶变换具有共轭对称性表示为

$$F(u,v) = F^*(-u,-v) \qquad (4-32)$$

$$|F(u,v)| = |F(-u,-v)| \qquad (4-33)$$

式中：$F^*(u,v)$——$F(u,v)$ 的复共轭。

注：当两个复数实部相等，虚部互为相反数时，这两个复数叫作互为共轭复数。对于一维变换 $f(x)$，周期性是指 $f(x)$ 的周期长度为 M，对称性是指频谱关于原点对称。

6）分离性

分离性表达式为

$$F(u,\ v) = \frac{1}{M} \sum_{x=0}^{M-1} e^{-j2\pi u_x/M} \frac{1}{N} \sum_{y=0}^{N-1} f(x,y) e^{-j2\pi v_y/N}$$

$$= \frac{1}{M} \sum_{x=0}^{M-1} e^{-j2\pi u_x/M} F(x,v) \qquad (4-34)$$

式中的 $F(x,v)$ 是沿着 $f(x,y)$ 的一行进行傅里叶变换所得到的，当 $x = 0$，1，$\cdots$，$M-1$，即沿着 $f(x,y)$ 的所有行计算傅里叶变换。

由图 4-8 可知，先通过沿输入图像的每一行计算一维变换，再沿中间结果的每一列计算一维变换，即可将二维傅里叶变换作为一系列的一维变换进行计算，当然也可以改变上述顺序，即用先列后行的计算形式。上述相似的过程也可以计算二维傅里叶反变换。

7）平均值

由二维傅里叶变换的定义得

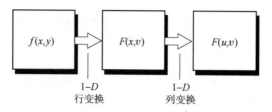

$$1-D$$
$$行变换$$
$$1-D$$
$$列变换$$

图 4-8   二维傅里叶变换作为一维变换的计算

$$F(u,v) = \frac{1}{MN} \sum_{x=0}^{M-1} \sum_{y=0}^{N-1} f(x,y) e^{-j2\pi(u_x/M+v_y/N)} \tag{4-35}$$

所以

$$F(0,0) = \frac{1}{MN} \sum_{x=0}^{M-1} \sum_{y=0}^{N-1} f(x,y) \tag{4-36}$$

而

$$\bar{f}(x,y) = \frac{1}{MN} \sum_{x=0}^{M-1} \sum_{y=0}^{N-1} f(x,y) \tag{4-37}$$

所以

$$\bar{f}(x,y) = F(0,0) \tag{4-38}$$

上式说明，如果 $f(x,y)$ 是一幅图像，在原点的傅里叶变换即等于图像的平均灰度级。

8）卷积理论

大小为 $M \times N$ 的两个函数 $f(x,y)$ 和 $h(x,y)$ 的离散卷积为

$$f(x,y) * h(x,y) = \frac{1}{MN} \sum_{m=0}^{M-1} \sum_{n=0}^{N-1} f(m,n) h(x-m,y-n) \tag{4-39}$$

卷积定理为

$$f(x,y) * h(x,y) \Leftrightarrow F(u,v)H(u,v) \tag{4-40}$$

$$f(x,y) * h(x,y) \Leftrightarrow F(u,v) * H(u,v) \tag{4-41}$$

9）相关性理论

大小为 $M \times N$ 的两个函数 $f(x,y)$ 和 $h(x,y)$ 的相关性定义为

$$f(x,y) \circ h(x,y) = \frac{1}{MN} \sum_{m=0}^{M-1} \sum_{n=0}^{N-1} f^*(m,n) h(x+m,y+n) \tag{4-42}$$

式中：f^*——f 的复共轭。对于实函数，有 $f^* = f$，以下相关定理皆成立。

$$f(x,y) \circ h(x,y) \Leftrightarrow F^*(u,v)H(u,v) \tag{4-43}$$

$$f^*(x,y) h(x,y) \Leftrightarrow F(u,v) \circ H(u,v) \tag{4-44}$$

自相关理论为

$$f(x,y) \circ f(x,y) \Leftrightarrow |F(u,v)|^2 = R(u,v)^2 + I(u,v)^2 \tag{4-45}$$

$$|f(x,y)|^2 \Leftrightarrow F(u,v) \circ F(u,v) \tag{4-46}$$

注：复数和它的复共轭的乘积是复数模的平方。

4.3　离散余弦变换

如果函数 $f(x)$ 为一个连续的实偶函数，即 $f(x)=f(-x)$，则此函数的傅里叶变换为

$$
\begin{aligned}
F(u) &= \int_{-\infty}^{+\infty} f(x)\,\mathrm{e}^{-\mathrm{j}2\pi u_x}\mathrm{d}x \\
&= \int_{-\infty}^{+\infty} f(x)\cos(2\pi ux)\,\mathrm{d}x - \mathrm{j}\int_{-\infty}^{+\infty} f(x)\sin(2\pi ux)\,\mathrm{d}x \\
&= \int_{-\infty}^{+\infty} f(x)\cos(2\pi ux)\,\mathrm{d}x
\end{aligned}
\tag{4-47}
$$

因为虚部的被积项为奇函数，故傅里叶变换的虚数项为 0，由于变换后的结果仅含有余弦项，故称为余弦变换。余弦变换是傅里叶变换的特例。

在傅里叶级数展开式中，如果被展开的函数是实偶函数，那么其傅里叶级数中只包含余弦项，再将其离散化，由此可以导出余弦变换，或称为离散余弦变换（Discrete Cosine Transform，DCT）。离散余弦变换经常用于对信号和图像（包含图像和视频）进行有损压缩，因为离散余弦变换有很强的"能力集中"特性，大多数自然信号的能量都集中在离散余弦变换后的低频部分，因此离散余弦变换的作用就是把图片的点和点间的规律呈现出来。

4.3.1　一维离散余弦变换及其反变换

单变量离散函数 $f(x)$（$x=0,1,2,\cdots,N-1$）的离散余弦变换 $T(u)$ 定义为

$$
T(u) = \alpha(u)\sum_{x=0}^{N-1} f(x)\cos\left[\frac{(2x+1)u\pi}{2N}\right], u=0,1,\cdots,N-1
\tag{4-48}
$$

给定 $T(u)$，通过离散余弦反变换可以得到 $f(x)$ 为

$$
f(x) = \sum_{x=0}^{N-1} \alpha(u)T(u)\cos\left[\frac{(2x+1)u\pi}{2N}\right], x=0,1,\cdots,N-1
\tag{4-49}
$$

式（4-48）和式（4-49）中，x 为离散实变量，u 为离散频率变量，且 $\alpha(u)$ 的值为

$$
\alpha(u) = \begin{cases} \sqrt{1/N} & \text{当 } u=0 \\ \sqrt{2/N} & \text{当 } u=1,2,\cdots,N-1 \end{cases}
\tag{4-50}
$$

4.3.2　二维离散余弦变换及其反变换

图像尺寸为 $M\times N$ 的 $f(x,y)$ 函数的离散余弦变换为

$$
T(u,v) = \alpha(u)\alpha(v)\sum_{x=0}^{N-1}\sum_{y=0}^{N-1} f(x,y)\cos\left[\frac{(2x+1)u\pi}{2N}\right]\cos\left[\frac{(2x+1)v\pi}{2N}\right], u,v=0,1,\cdots,N-1
\tag{4-51}
$$

给出 $F(u,v)$，可通过离散傅里叶反变换得到 $f(x,y)$ 为

$$
f(x,y) = \sum_{u=0}^{N-1}\sum_{v=0}^{N-1} \alpha(u)\alpha(v)T(u,v)\cos\left[\frac{(2x+1)u\pi}{2N}\right]\cos\left[\frac{(2x+1)v\pi}{2N}\right], x,y=0,1,\cdots,N-1
\tag{4-52}
$$

式中：u，v——频率变量；

x，y——空间或图像变量；

$\alpha(u)$，$\alpha(v)$——补偿系数。$\alpha(u)$ 和 $\alpha(v)$ 的值为

$$\alpha(u) = \begin{cases} \sqrt{1/N} & \text{当 } u=0 \\ \sqrt{2/N} & \text{当 } u=1,2,\cdots,N-1 \end{cases} \tag{4-53}$$

$$\alpha(v) = \begin{cases} \sqrt{1/N} & \text{当 } v=0 \\ \sqrt{2/N} & \text{当 } v=1,2,\cdots,N-1 \end{cases} \tag{4-54}$$

4.4　离散沃尔什变换

傅里叶变换和余弦变换的变换核由正弦、余弦函数组成，运算速度受影响。在特定问题中，往往引进不同的变换方法，以求运算简单且变换核矩阵产生方便。沃尔什变换（Walsh Transform）压缩效率低，实际使用并不多，但它速度快，计算时只需加减和偶尔的右移操作，其变换矩阵简单（只有 1 和-1），占用存储空间少。

4.4.1　一维离散沃尔什变换及其反变换

单变量离散函数 $f(x)(x=0,1,2,\cdots,N-1)$ 的离散沃尔什变换 $B(u)$ 定义为

$$B(u) = \frac{1}{N}\sum_{x=0}^{N-1} f(x)(-1)^{\sum_{i=0}^{n-1} b_i(x)b_i(u)}, u=0,1,\cdots,N-1 \tag{4-55}$$

给定 $B(u)$，通过离散沃尔什反变换可以得到 $f(x)$ 为

$$f(x) = \sum_{u=0}^{N-1} B(u)(-1)^{\sum_{i=0}^{n-1} b_i(x)b_i(u)}, x=0,1,\cdots,N-1 \tag{4-56}$$

式中：x——离散实变量；

u——离散频率变量。

4.4.2　二维离散沃尔什变换及其反变换

图像尺寸为 $M×N$ 的 $f(x,y)$ 函数的离散沃尔什变换为

$$B(x,u) = \frac{1}{N^2}\sum_{x=0}^{N-1}\sum_{y=0}^{N-1} f(x,y)(-1)^{\sum_{i=0}^{n-1}[b_i(x)b_i(u)+b_i(y)b_i(v)]} \tag{4-57}$$

给出 $B(x,u)$，可通过离散傅里叶反变换得到 $f(x,y)$ 为

$$f(x,y) = \sum_{u=0}^{N-1}\sum_{v=0}^{N-1} B(x,u)(-1)^{\sum_{i=0}^{n-1}[b_i(x)b_i(u)+b_j(y)b_j(v)]} \tag{4-58}$$

式中：u，v——频率变量；

x，y——空间或图像变量。

4.5　小波变换

前面章节已经讲解了傅里叶变换，但是傅里叶变换存在以下两点不足。

（1）傅里叶变换虽然能够很好地分析信号的频率信息，但是必须对一段信号（持续一段时间）进行分析才能得到较准的频率结果，因此对于非平稳信号（信号的频率会不断变化），只能得到这段时间内的频率分布，而并不能给出具体频率分量所在的时间。这就造成在时频上很不同的信号（频率上升和下降），傅里叶变换会得到相同的结果。

（2）为改善傅里叶变换对于时间的不敏感，提出了短时傅里叶变换（Short-Time Fouriev Transform，STFT），即将这段信号加窗分成多段信号分别进行傅里叶变换来对时间维分析结果进行改善。本质上，通过加窗 STFT 将大范围内的非平稳信号分割为多个小范围内的平稳信号，从而使得傅里叶变换能够对非平稳信号进行有效分析，但是其中涉及窗口大小的选择。如果窗口较大，时间分析的精度就会下降；如果窗口较小，频率分析的精度会下降。

由于傅里叶变换存在不足，因此提出了小波变换。小波变换（Wavelet Transform，WT）是一种新的变换分析方法，它继承和发展了短时傅里叶变换局部化的思想，同时又克服了窗口大小不随频率变化等缺点，能够提供一个随频率改变的"时间–频率"窗口，是进行信号时频分析和处理的理想工具。它的主要特点是通过变换能够充分突出问题某些方面的特征，能对时间（空间）频率进行局部化分析，通过伸缩平移运算对信号（函数）逐步进行多尺度细化，最终达到高频处时间细分，低频处频率细分，能自动适应时频信号分析的要求，从而可聚焦到信号的任意细节，解决了傅里叶变换的困难问题，成为继傅里叶变换之后在科学方法上的重大突破。

很多处理，包括压缩、滤波、图形处理等，其本质都是变换，那变换是什么东西呢？是基，也就是 basis。简单来说，在线性代数里，basis 是指空间里一系列线性独立的向量，而这个空间里的其他任何向量，都可以由这个向量的线性组合来表示。傅里叶展开的本质，就是把一个空间中的信号用该空间的某个 basis 的线性组合表示出来，小波变换也和 basis 有关。

小波直接把傅里叶变换的基换掉了——将无限长的三角函数基换成了有限长的会衰减的小波基，这样不仅能够获取频率，还可以定位到时间。这个基函数会伸缩、会平移（实质是两个正交基的分解）。缩得窄，对应高频；伸得宽，对应低频。然后，这个基函数不断和信号做相乘。某一个尺度（宽窄）下乘出来的结果，就可以理解成信号所包含的当前尺度对应频率的成分有多少。于是，基函数会在某些尺度下，与信号相乘得到一个很大的值，因为此时二者有一种重合关系，我们就知道信号包含该频率的成分的多少。小波的改变就在于，将无限长的三角函数基换成了有限长的会衰减的小波基，如图 4-9 所示。

小波变换

$$F(w)=\int_{-\infty}^{\infty} f(t) \cdot e^{-jwt}dt \implies WT(a,\tau)=\frac{1}{\sqrt{a}}\int_{-\infty}^{\infty} f(t) \cdot \psi(\frac{t-\tau}{a})dt$$

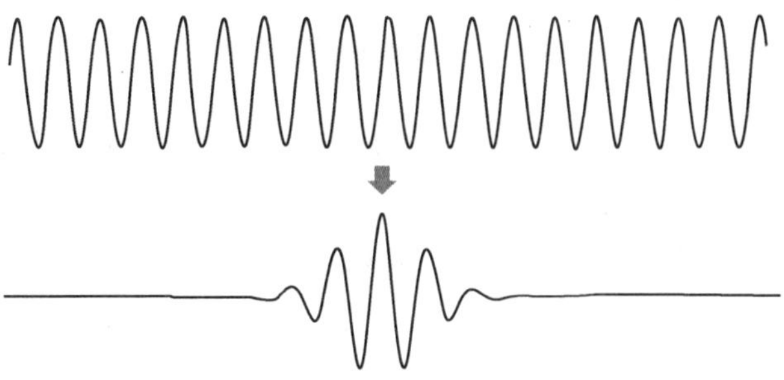

图 4-9　长三角函数转换为衰减的小波基

小波公式为

$$WT(\alpha,\tau) = \frac{1}{\sqrt{\alpha}} \int_{-\infty}^{\infty} f(t) * \psi(\frac{t-\tau}{\alpha}) \mathrm{d}t \tag{4-59}$$

从式（4-59）可以看出，不同于傅里叶变换，变量只有频率 ω，小波变换有两个变量：尺度 α 和平移量 τ。尺度 α 控制小波函数的伸缩，平移量 τ 控制小波函数的平移。尺度就对应于频率（反比），平移量 τ 就对应于时间，如图 4-10 所示。

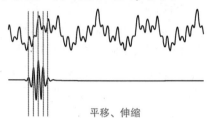

平移、伸缩

图 4-10　小波变换平移、伸缩图

当伸缩、平移到一种重合情况时，也会相乘得到一个大的值。这时候和傅里叶变换不同的是，这不仅可以知道信号有这样频率的成分，而且知道它在时域上存在的具体位置。而当我们在每个尺度下都平移着和信号乘过一遍后，我们就知道信号在每个位置都包含哪些频率成分。有了小波，就可以做非稳定信号的时频分析。

小波变换有如下两个优点。

（1）解决了局部性，如图 4-11 所示。

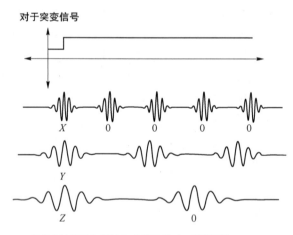

只有小波函数和信号突变处重叠时，系数不为0

图 4-11　小波变换解决局部性

（2）解决时频分析：做傅里叶变换只能得到一个频谱图，做小波变换却可以得到一个时频谱图，如图 4-12 所示。

小波变换可用于图像分解、去噪平滑以及边缘检测等，均有良好的实际应用效果。

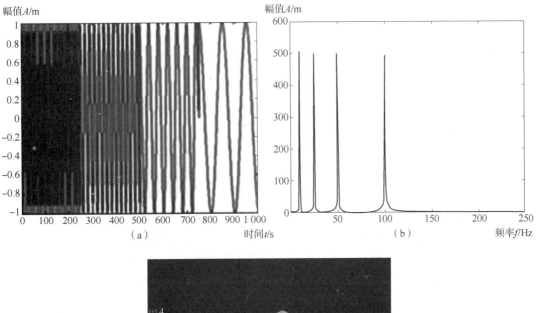

图 4-12 不同图像变换对比

（a）原时域信号波形图；（b）傅里叶变换频谱图；（c）小波变换时频谱图

4.6 图像变换技术应用与系统设计

4.6.1 图像变换应用概述

为了有效和快速地对图像进行处理和分析，需要将原定义在图像空间的图像以某种形式转换到另外的空间，利用空间的特有性质方便地进行一定的加工，最后再转换回图像空间以得到所需的效果，即图像变换技术，图像变换技术是许多图像处理和分析技术的基础。

当今时代是信息化、数字化的时代，视频监控已经遍布我们的生活，虽然监控视频给我们带来了很多的方便，但是目前仍存在很多不足：不能时时刻刻监控采集的视频、无法有效利用监控视频来解决问题、互联网监控设备的内存和存储资源非常有限、监控系统产生大量需要实时处理的数据。

数字图像频域分析，是将空域图像转换为频谱能量图进行分析以及处理。图像频域分析首先是对数字图像进行频域变换处理，再对得到的图像频谱进行特征分析。传统的空间域处理方法需要非常扎实的经验知识和理论基础。当图像在经历了各种信号处理或者各种干扰后，会失去一些原始信息，图像难以辨别，失真很严重，抗攻击能力弱。但是用图像频域分析算法就不存在这样的问题。

本节以"图像频域分析算法及在监控视频分析中的应用"的设计与实现为例，从设计的角度讨论各模块实现的功能以及设计这些模块的思想，一方面，将图像变换基本知识应用于当今社会急需解决的问题上，便于读者更具体、更形象地理解图像变换知识的实际运用；另一方面，通过"图像频域分析算法及在监控视频分析中的应用"这一实例，使读者了解并掌握系统设计与实现的过程。图像频域分析算法及在监控视频分析中的应用系统主要包括两大功能模块，分别是监控视频中相同动作识别和监控视频中模糊视频帧复原，在下面的章节中将对这两大功能模块展开详细介绍。图像频域分析算法及在监控视频分析中应用系统的具体实现，一方面展示了图像变换技术应用于监控视频分析中的具体效果，另一方面，不同功能的系统有不同的实现模块，需具体问题具体分析，但该部分的设计实现思路可供参考与借阅。

4.6.2 监控视频中相同动作识别

4.6.2.1 基于 Gabor 小波滤波器的频域分析算法

基于 Gabor 小波滤波器的频域分析算法利用的是 Gabor 小波滤波器对图像频率进行分解处理。在图像处理中，Gabor 函数作为线性滤波器来提取图像边缘，因此，Gabor 小波滤波器非常适合纹理表达和分离，图像在各个尺度和方向上的纹理信息可以被 Gabor 小波方便地提取到，同时还可以在一定程度上减弱图像中光照变化和噪声的影响。如图 4-13 所示，是 4 个方向的 Gabor 滤波器对原始图像进行滤波后的效果，由图可知，Gabor 滤波器对于图像边缘检测有良好的效果。

4.6.2.2 基于 sym5 小波基的频域分析算法

图像中的很多特征，如纹理特征、形状特征等，在空域中不能很好地进行分析，而频谱承载着重要信息，可用来区分目标的类别。本方法就运用了基于 symN 系列小波基的离散小波变换的方法将目标区域变换到频域进行提取特征。

MATLAB 提供了 dwt 和 dwt2 函数，两个函数分别是用来实现一维的离散小波变换和二维的离散小波变换的，wavedec2 函数进行多层尺度的小波分解变换。经过小波变换以后，原始图像会被分成包含原始图像的不同频率成分的几个子图像。如图 4-14 所示，appcoef2 函数提取的 A 部分的子图区域涵盖了原始图像中的低频分量信息，也就是图像的主要特征信息；而 detcoef2 函数能够提取各高频分量；H 部分的子图区域涵盖了原始图像的水平分量信息，即包含了很多水平边缘信息；V 部分的子图区域涵盖了原始图像的垂直分量信息，即包含了很多垂直边缘信息；D 部分的子图区域包含了原始图像的对角分量，即同时包含了水平和垂直边缘信息。wrcoef2 函数则是对不同高低频分量进行重构图像。

本系统中特征提取的过程是先将图像变换到频域的不同尺度和方向上，再对各个尺度和方向上分解出来的低、高频系数进行分块，接下来计算每一块矩阵的方差和均值，把每块的方差和均值作为特征分量，最后将这些特征分量作为合成特征向量即可。

（a）

（b）　　　　　　　　　　（c）

（d）　　　　　　　　　　（e）

图 4-13　滤波前后对比图像

（a）原始图像；（b）0°方向；（c）45°方向；（d）90°方向；（e）135°方向

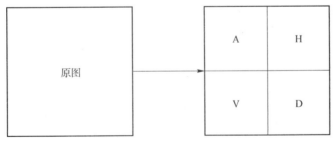

图 4-14　小波分解原理图

4.6.2.3　相同动作识别模块实现

本部分利用基于 Gabor 小波滤波器的频域特征分析和基于 sym5 小波基的频域特征分析，在监控视频中提取出相同的动作。首先对视频数据集中进行参考帧的选择、背景帧的选择、灰度化、二值化等预处理，再使用基于 Gabor 小波滤波器的频域分析和基于 sym5 小波基的频域特征提取方法，之后与视频中的每一帧进行相似度识别，得到与参考帧相同的动作帧。相同动作识别模块流程如图 4-15 所示。

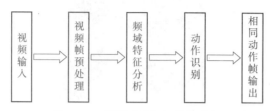

图 4-15 相同动作识别模块流程

本系统的部分测试数据来源于动作数据集，数据集有 6 组视频，分别包含小跑、快跑、单膝跳、抬手、开合跳、双腿跳 6 组动作，如图 4-16 所示，该数据集能够很好地将相同动作提前去除并达到提取相同动作帧的目的。该数据集中存在背景视频，以及动作视频，这两种视频是分开的。实验之前已经提前对视频做了处理，将背景视频和对应的动作视频连接起来，作为实验的视频输入，故默认视频第一帧即为背景帧。

图 4-16 动作数据集部分展示（附彩插）
（a）小跑；（b）快跑；（c）单膝跳；（d）抬手；（e）开合跳；（f）双腿跳

1）视频帧预处理

视频帧预处理流程如图 4-17 所示，主要分为 5 个步骤：

（1）视频逐帧进行灰度变换，减少冗余的彩色信息；

（2）视频逐帧进行中值滤波去噪；

（3）将第（2）步处理后的图像与做相同处理后的背景帧做帧差处理；

（4）对帧差后的图像进行二值化处理，删除小于指定面积的对象（目的是去除孤立噪声），对处理后的图像进行闭运算，闭运算能够对图像中的微小孔洞进行补充，以及对图像中的细小纹隙进行填补，并保证图像中整体的结构和形体不发生改变，使得图像边角变得更加顺畅，从而获得二值化后的图像，得到运动目标；

（5）利用第（4）步处理后图像的连通区域的信息，实现在原视频帧上的图像确定目标位置，将监控视频帧的运动目标提取出来。

图 4-17　视频帧预处理流程

对 6 段视频中的某一帧进行预处理的结果如图 4-18 所示。

图 4-18　预处理结果（附彩插）

（a）小跑；（b）快跑；（c）单膝跳；（d）抬手；（e）开合跳；（f）双腿跳

2）频域特征分析

目标动作特征提取流程如图 4-19 所示，主要分为以下 4 个步骤：

（1）对预处理后的目标动作图像进行频域变换，得到不同尺度和方向上的特征分量；

（2）对各尺度的特征分量进行分块处理；

（3）分别计算各分块的均值和方差；

（4）将各个分块的均值和方差作为特征向量的分量，组成特征向量。

图 4-19　目标动作特征提取流程

基于 Gabor 小波滤波器的频域分析算法：取 5 个尺度、4 个方向与输入图像进行傅里叶变换并与 Gabor 小波滤波器相卷积，再将所得的矩阵进行均等分块，分别计算出每一块的均值和方差，将矩阵分成 2×2 块，得到长度为 $5\times4\times4\times2=160$ 的特征向量。

基于 sym5 小波基的频域分析算法：取 2 个尺度、4 个方向对输入图像进行 sym5 小波变换，再将所得的所有矩阵进行均等分块，分别计算出每一块的均值和方差，将矩阵分成 2×2 块，得到长度为 2×4×4×2＝64 的特征向量。

3）动作算法识别

相同目标动作识别算法流程如图 4-20 所示，主要分为以下 5 个步骤：

（1）选取目标动作参考帧，记为 Fr，经过预处理后，进行频域分析提取特征向量作为输入；

（2）视频中的每一帧经过预处理后，进行频域分析将提取的特征向量作为输入；

（3）将视频帧特征向量与参考帧的频域特征向量使用图像相似度的公式计算出相似度，作为判断相同视频帧的依据；

（4）判定小于指定阈值 Z 的视频帧是包含有相同动作的图像，将其取出并显示在界面上；

（5）得出相同视频帧的数量。

图 4-21 是部分动作识别结果的展示，由图可得，相同动作识别结果还是比较准确的。

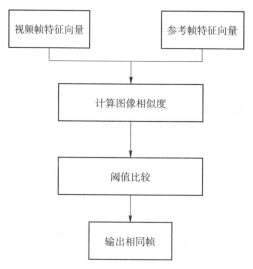

图 4-20 相同动作识别算法流程

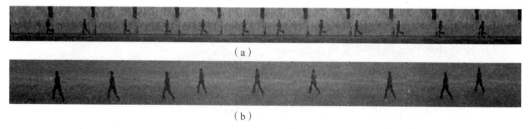

图 4-21 动作识别结果（附彩插）

(a) 小跑动作识别；(b) 快跑动作识别

4）实验结果分析

对 6 组实验视频使用上述两种算法进行测试，评判标准是输出相同动作帧数与正确相同动作帧数的差值绝对值，记为 Δ，Δ 越小，越准确。本文实验中有两个实验参数：参考帧 Fr 和阈值 Z。以快跑视频为例，都选取第 15 帧作为参考帧（Fr），但选取不同的阈值

（Z），比较两种不同算法的实验结果。首先经过人工查看确认监控视频中与第 15 帧有相同的动作的帧数总共为 9 帧，将该帧数作为分母，将输出相同动作帧数与正确相同动作帧数的差值绝对值作为分子。不同阈值下两种算法的实验结果如表 4-1 所示。

表 4-1 不同阈值下两种算法的实验结果

算法	Z					
	0.02	0.04	0.06	0.08	0.10	0.12
Gabor	9/9	7/9	6/9	3/9	3/9	9/9
sym5	13/9	22/9	29/9	31/9	31/9	31/9

由表 4-1 可见，在较大的阈值情况下，Gabor 滤波器算法识别效果相对更加准确，但容易将监控视频中原有的相同动作帧丢失。而 sym5 尽可能地包括满足监控视频中相同动作要求的视频帧，但同时也会冗余出一些不属于相同动作的视频帧进去，从而降低准确率。因此，两种算法在进行监控视频中的动作识别应用时各有利弊。

图 4-22 为基于 Gabor 小波滤波器目标动作识别的界面，界面中可以自由选择监控视频并设置第几帧作为背景帧，一般情况下选择第一帧或者最后一帧为背景帧。接下来需要设定监控视频中相同动作的参考帧，根据上述实验选取第 15 帧为参考帧。界面参数设置完成后单击"开始识别"按钮即可运行程序，将监控视频中每一帧的动作进行选中提取，并按照 Gabor 小波滤波器的识别算法提取出与参考帧具有相同动作的视频帧进行显示，同时会在右下角统计相同动作帧的个数。

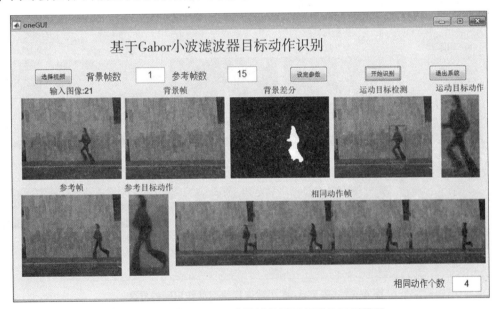

图 4-22 基于 Gabor 小波滤波器目标动作识别界面

表 4-2 为监控视频数据集中不同动作类型的视频采用 Gabor 小波滤波器的算法进行测试的结果，动作分别为快跑、小跑、单膝跳、抬手、开合跳、双腿跳，对每种动作选择最优的阈值，并记录在此阈值下的误差结果。观察表 4-2 可以看出，选择基于 Gabor 小波滤波器的检测方法，在将阈值设置为 0.1 时获得了比较好的相同目标动作识别结果。

表 4-2 基于 Gabor 小波滤波器的检测结果

视频	阈值	相同帧	结果	误差
快跑	0.1	9	12	3
小跑	0.1	11	9	2
单膝跳	0.1	11	16	5
抬手	0.1	9	18	9
开合跳	0.1	8	13	5
双腿跳	0.04	4	4	0

图 4-23 为基于 sym5 小波变换目标动作识别的界面，与 Gabor 小波滤波器的界面设置相同，只是提取算法有所差异。界面参数设置完成后单击"开始识别"按钮即可运行程序，对监控视频中每一帧的动作依次进行选中提取，并按照基于 sym5 小波变换的识别算法提取出与参考帧具有相同动作的视频帧进行显示，同时也会在右下角统计相同动作帧的个数。

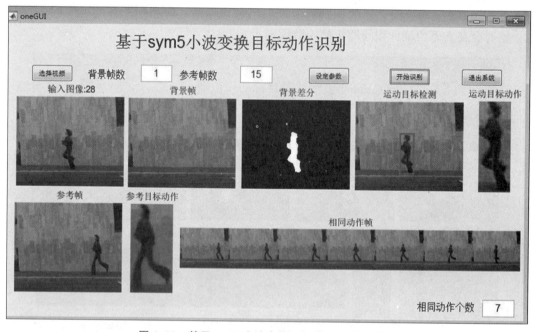

图 4-23 基于 sym5 小波变换目标动作识别的界面

将基于 sym5 小波滤波器的算法进行动作数据统计，得到的检测结果如表 4-3 所示，结合表 4-1 与表 4-3 可知，若选择基于 sym5 小波变换的算法提取相同目标动作时，将阈值设置为 0.01 左右，取得了较小的误差。

表 4-3　基于 sym5 小波基的检测结果表

动作	阈值	相帧	结果	误差
快跑	0.007	9	13	4
小跑	0.02	11	11	0
单膝跳	0.01	11	11	0
抬手	0.01	9	8	1
开合跳	0.01	8	5	3
双腿跳	0.04	4	4	0

对两种监控视频中动作识别算法的结果统计表进行对比可以看出，基于 sym5 小波变换的算法需要设定更小的阈值作为评价视频中相同动作的标准，得到的误差更小，结果更精确。

4.6.3　监控视频中模糊视频帧复原

4.6.3.1　运动模糊处理

图 4-24 是将监控视频中具有运动目标的某帧选取出来，并对该帧进行处理，得到有目标动作的区域。此外，将其运动方向按照图像退化的方法进行人为的模糊处理。这样做的目的是，减少其他没发生模糊的背景区域对频域变换后的特征的影响，达到明显的仿真模糊效果。图 4-24（b）是彩图 4-24（a）经过模糊步长为 10，角度为 0°（180°）处理得到的仿真图像。

（a）　　　　　（b）

图 4-24　监控视频中运动模糊帧（附彩插）

（a）原视频帧；（b）运动模糊视频帧

4.6.3.2 基于运动模糊图像的频域分析算法

当监控视频中的移动物体与摄像头之间的相对位移速度过快时，虽然会导致图像帧出现运动模糊，但是运动模糊图像提供了运动目标的一些方向信息。本算法是将模糊运动图像进行傅里叶变换得到频域中的幅度谱图，再利用 RADON 变换将幅度谱上的平行条纹的方向进行提取，得到该图像可能的运动方向。因此，对于监控视频中存在的运动模糊视频帧，将该视频帧复原成清晰图像，读取视频帧的内容具有重要的研究意义。

MATLAB 提供了 fft 函数和 fft2 函数。它们的作用分别是进行一维快速傅里叶变换和二维快速傅里叶变换。对应相反的 ifft 函数和 ifft2 函数分别是用于实现一维快速傅里叶反变换和二维快速傅里叶反变换的功能。

（1）fft2 函数：灰度图像才能作为 fft2 函数的输入图像，函数的输出值为变换矩阵。傅里叶变换矩阵的变换系数是复数的形式，不能够直接显示，必须用 abs 函数进行求模以后才是傅里叶变换后的幅度谱。

（2）fftshift 函数：fftshift 函数的作用是将傅里叶变换得到的图像的幅度谱图进行平移变换，平移变换后的图像幅度谱中心，也就是矩阵的中心是从矩阵的原点平移过去的。图像中的能量大部分在低频部分，而图像的边缘信息在频谱的高频部分。在频谱中，白色区域代表了低频部分，能量高，主要是图像的内容信息，黑色区域代表高频部分，记录了图像的边缘信息。

图 4-25 为不同角度下的运动模糊图像，模糊角度分别为 30°、90°、150°。分别对其进行傅里叶变换后得到的幅度谱如图 4-26 所示，可以看出垂直于模糊方向会在原点对应的两侧有平行的明暗条纹出现。幅度谱上对应的平行条纹会跟随运动方向变化，且条纹方向一直垂直于运动模糊的方向，最后利用 RADON 变换得到幅度谱对应的折线图准确地估算出图像的运动模糊方向，如图 4-27 所示。

（a） （b） （c）

图 4-25 不同角度的运动模糊图像

（a）30°；（b）90°；（c）150°

为了能识别出上面运动模糊图像的幅度谱中明暗条纹的方向，在这里将条纹视为直

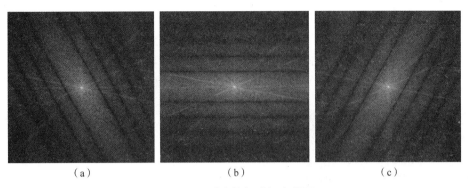

图 4-26　对应的频域幅度谱图

（a）30°；（b）90°；（c）150°

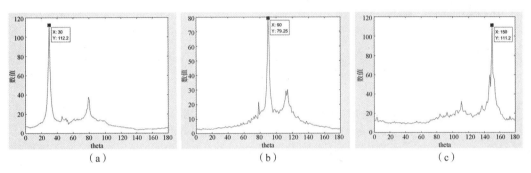

图 4-27　对应的 RADON 变换折线图

（a）30°；（b）90°；（c）150°

线。对图 4-26 所示的幅度谱图像在 0°～180°的角度范围内进行 RADON 变换，将对每个角度取 RADON 变换后的极大值作为该方向上的投影值，再在所有角度上取最大值对应的角度，作为运动模糊方向。图 4-27 是对图 4-26 中对应的幅度谱进行 RADON 变换后的折线图，x 轴代表了角度，y 轴代表了角度积分值。对图 4-26 的幅度谱进行中心化的操作后，水平和垂直方向存在明显的直线条纹干扰，所以在 90°和 180°有时可能会出现较大的峰值，但是在运动模糊方向的角度上也会有明显的峰值，且该峰值角度与运动模糊方向基本保持一致。

基于运动模糊图像的频域分析算法将图像复原成清晰图像的流程如图 4-28 所示。

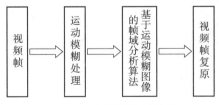

图 4-28　视频帧复原流程

图 4-29（b）是将图 4-24（b）进行频域变换后的幅度谱图像，可以看到仍然明显存在

垂直于运动模糊角度的暗条纹，图4-29（c）是对图4-29（b）的幅度谱图像进行RADON变换的折线图，用来测量图像的模糊角度。经过上述实验中设置的参数与得到的折线中的参数对比可以看出，在折线中角度呈180°时为最大的峰值，计算出的角度与实际模糊运动方向是一致的，表明在频域中分析监控视频中的目标运动导致的模糊方向的方法是可取的。

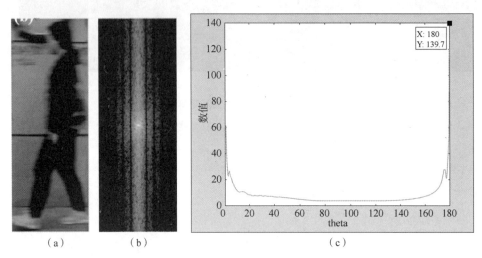

（a） （b） （c）

图4-29 相同图像不同域空间展示（附彩插）

（a）运动模糊视频帧；（b）幅度谱图像；（c）RADON变换折线图

4.6.3.3 视频帧复原

将RADON变换得到的模糊方向角度作为点扩展函数的方向参数，并采用维纳滤波的方法对模糊图像进行复原。图4-30为不同信噪比下的复原图像，信噪比分别取值为0.01、0.001、0.0001。从图4-30能够明显看出，不同信噪比下的复原效果是不同的，并且在信噪比为0.0001时的模糊复原图像最清晰，效果最好。

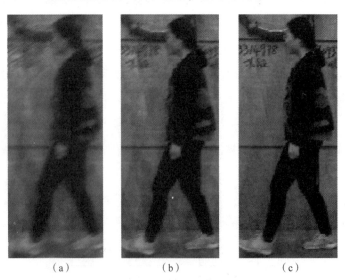

（a） （b） （c）

图4-30 不同信噪比下视频帧复原图像（附彩插）

（a）信噪比0.01；（b）信噪比0.001；（c）信噪比0.0001

4.6.4　图像变换应用拓展

把图像从一个空间变换到另一个空间，可能会更加便于分析处理，经过图像变换后的图像往往更有利于特征提取、增强、压缩和图像编码，图像变换是对图像处理算法的总结。本节以图像频域分析算法及在监控视频分析中的应用这一案例进行了详细解析，对于类似系统，可参照此案例设计并实现。

4.7　习题

选择

1. 一幅二值图像的傅里叶变换频谱是（　　　）。
A. 一幅二值图像　　　　　　　　B. 一幅灰度图像
C. 一幅复数图像　　　　　　　　D. 一幅彩色图像

2. 傅里叶变换有下列哪些特点？（　　　）（多选）
A. 有频域的概念　　　　　　　　B. 均方意义下最优
C. 有关于复数的运算　　　　　　D. 逆变换可完全恢复原始数据

3. 小波变换所具有的时间频率都局部化的特点是（　　　）。
A. 表面时间窗函数的宽度与频率窗函数的宽度都很小
B. 表面时间窗函数的宽度与频率窗函数的宽度成反比
C. 表面时间窗函数宽度与频率窗函数宽度的乘积很小
D. 表面时间窗函数的宽度等于频率窗函数的宽度

填空

所谓的图像变换，是指将图像信号从_____变换到另外的域上进行分析的手段。

判断

1. 一幅图像进行一次小波变换后，概貌信息大都集中在高频图像子块中。（　　　）
2. 一幅图像进行一次小波变换后，细节信息大都集中在高频图像子块中。（　　　）

简答

1. 什么是图像变换？其目的是什么？
2. 二维傅里叶变换的分离性有什么实际意义？
3. 傅里叶变换的性质有哪些？

4. 一个二维数字信号矩阵 $f(x,y)=\begin{bmatrix} 1 & 3 & 3 & 1 \\ 1 & 3 & 3 & 1 \\ 1 & 3 & 3 & 1 \\ 1 & 3 & 3 & 1 \end{bmatrix}$，求此信号的二维离散沃尔什

变换。

5. 求图像 $\begin{bmatrix} 1 & 3 & 3 & 1 \\ 1 & 3 & 3 & 1 \\ 1 & 3 & 3 & 1 \\ 1 & 3 & 3 & 1 \end{bmatrix}$ 和图像 $\begin{bmatrix} 1 & 1 & 1 & 1 \\ 1 & 1 & 1 & 1 \\ 1 & 1 & 1 & 1 \\ 1 & 1 & 1 & 1 \end{bmatrix}$ 的二维沃尔什变换，对所求结果加以

分析。

第 5 章

图像增强

图像增强是数字图像处理的基本内容之一,是指采用一系列技术,对原图像进行处理、加工,使其更适合具体的应用要求,改善图像的视觉效果,或将图像转换成一种更适合人或机器进行分析处理的形式。图像增强的处理方法包括空域法和频域法两种,空域法包括空域变换增强、空域滤波增强和彩色增强 3 种,频域法主要指频域滤波增强,本章将对这几部分做详细阐述,并以"图像增强技术在安防领域中的应用"的设计与实现为例,阐述图像增强技术的应用与系统设计,加深读者对图像增强的认识。本章的内容框架图如图 5-1 所示。

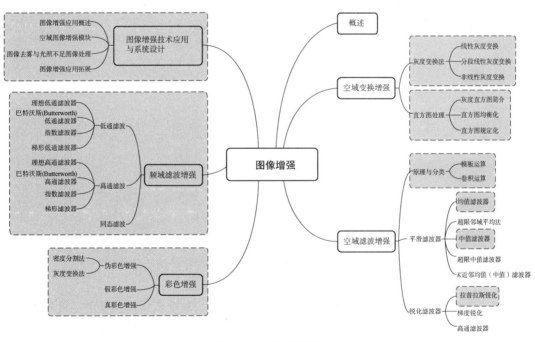

图 5-1　内容框架图

学习目标:了解空域图像增强的概念、目的及主要技术;理解灰度变换的方法原理;

理解直方图的定义、性质及用途；掌握直方图均衡化的技术细节；理解直方图规定化处理方法的原理及作用；掌握图像的空域的平滑和锐化技术方法；理解图像彩色增强的原理及作用；掌握常用的图像频域滤波增强方法，掌握图像增强的应用。

　　学习重点：灰度变换、直方图均衡化和规定化、空间平滑和锐化滤波器、频域滤波器，能将图像增强知识加以应用。

　　学习难点：直方图均衡化和规定化，空间滤波器及频域滤波器的使用。

5.1　概述

　　图像增强就是增强图像中的有用信息，是指通过对图像进行处理，使图像比处理前更适合某种特定的应用。图像增强一方面是针对给定图像的应用场合，改善图像的视觉效果，提高清晰度和可辨识度，便于人和计算机对图像进行进一步的分析和处理；另一方面，有目的地强调图像的整体或局部特性，将原来不清晰的图像变得清晰或强调某些感兴趣的特征，抑制不感兴趣的特征，扩大图像中不同物体特征之间的差别，改善图像质量、丰富信息量，加强图像判读和识别效果，满足某些特殊分析的需要。

　　图像增强的处理方法包括空域法和频域法两种，具体分类如图 5-2 所示。空域法是直接对图像像素进行处理；而频域法是在图像的某个变换域内，对图像的变换系数进行运算，然后通过逆变换获得图像增强效果。

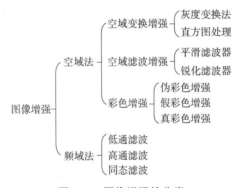

图 5-2　图像增强的分类

5.2　空域变换增强

5.2.1　灰度变换法

　　图像的灰度变换是指按照某种规律改变图像中像素的灰度值，使图像的亮度或对比度发生变化，使图像更加容易分辨，或者达到某种视觉效果，如将图像转换为更适合人眼观察或者计算机分析识别的形式，以便更容易地从图像中获取更多有用的信息。常用的灰度变换有线性灰度变换、分段线性灰度变换、非线性灰度变换，非线性灰度变换主要有对数变换、指数变换。

5.2.1.1 线性灰度变换

线性灰度变换：图像常常会出现曝光不足或者曝光过度的情况，此时灰度值会被局限在很小的范围之间，可以通过线性变换将图像的每一个像素做线性拉伸，从而有效地改善图像的视觉效果，简单来说，图像的灰度变换就是通过建立灰度映射来调整源图像的灰度从而使图像调整为具有用户满意的对比度的图像。假设当前图像的灰度值范围为 $[a,b]$，若希望该图像的灰度值范围扩大至 $[m,n]$，那么可采用式（5-1）线性变换达到这种效果，即

$$g(x,y)=\frac{n-m}{b-a}[f(x,y)-a]+m \tag{5-1}$$

式中：$g(x,y)$——目标像素值；

$f(x,y)$——源像素值。

一般通过线性变换使图像的对比度变强，从而使图像中黑色区域部分更黑，白色区域部分更白。

5.2.1.2 分段线性灰度变换

分段线性灰度变换：为了突出感兴趣的目标或灰度区间，相对抑制那些不感兴趣的灰度区间，多将图像灰度区间分为 3 段，利用 3 段线性变换法完成分段线性灰度变换，即

$$g(x,y)=\begin{cases} \dfrac{g_1}{f_1}f(x,y),0 \leqslant f(x,y) \leqslant f_1 \\[2mm] \dfrac{g_2-g_1}{f_2-f_1}[f(x,y)-f_1]+g_1,f_1 \leqslant f(x,y) \leqslant f_2 \\[2mm] \dfrac{g_M-g_2}{f_M-f_2}[f(x,y)-f_2]+g_2,f_2 \leqslant f(x,y) \leqslant f_M \end{cases} \tag{5-2}$$

式（5-2）对处于灰度区间 $[f_1,f_2]$ 的值进行了线性变换，而对于灰度区间 $[0,f_1]$、$[f_2,f_M]$ 只进行了压缩操作。若仔细地调整折线拐点的位置并且控制分段直线的斜率，可以对任一灰度区间进行扩展或压缩。分段线性灰度变换适用于黑色或白色附近有噪声干扰的情况，如照片中有划痕，变换后可使 $0 \sim f_1$ 以及 $f_2 \sim f_M$ 之间的灰度受到压缩，因而可减弱图像中的噪声干扰。

5.2.1.3 非线性灰度变换

非线性灰度变换：此变换并非是对不同的灰度值区间选择不同的线性变换函数进行扩展或压缩，而是在整个灰度值范围内采用相同的非线性变换函数实现对灰度值区间的扩展与压缩。例如，指数函数、对数函数、幂函数都不是传统意义上的线性函数，因此利用这些函数对图像进行扩展与压缩的变换就统称为非线性灰度变换。

对数变换：从数学角度来看，对数函数随着横坐标的变大越来越趋于平缓，若将一幅图的灰度值采用对数函数进行变换，那么不难想到，对数变换可以使图像中不同点的灰度值不断地靠近，因此我们可以认为对数变换可以在一定程度上将图像的像素值降低，从而达到图像压缩的目的。

$$g(x,y)=a+\frac{\ln[f(x,y)+1]}{b\ln c} \tag{5-3}$$

式中：$g(x,y)$——目标像素值；

$f(x,y)$——源像素值；

a、b、c——为了调整曲线的位置和形状而引入的参数。

对数变换主要用于扩展图像的低灰度值部分，压缩图像的高灰度值部分，以达到强调图像低灰度部分的目的，使低值灰度的图像细节更加清晰。

指数变换：从数学角度来看，指数函数随着横坐标的变大越来越陡，若将一幅图像的灰度值采用指数函数进行变换，那么，指数变换会不断拉大不同点的灰度值距离，因此指数变换提高了图像的对比度，将输入图像的灰度值利用指数函数变换为输出图像，对高灰度区进行较大拉伸操作，可进一步提高灰度值高的像素点。

图 5-3 是采用不同灰度变换的效果对比，图 5-3（b）相对于图 5-3（a）而言，出现了灰度倒置的效果，通俗来讲，原始图像中黑的部分变白一些，白的部分变黑；图 5-3（c）是对图 5-3（a）进行对数变换后得到的图像，可以明显看到，图 5-3（c）的像素值降低，图像整体变得昏暗；图 5-3（d）是对图 5-3（a）进行指数变换后得到的图像，图 5-3（d）的对比度变强；图 5-3（e）相对于图 5-3（a）而言，由于对图像进行了分段线性化处理，导致图像出现"假轮廓"。

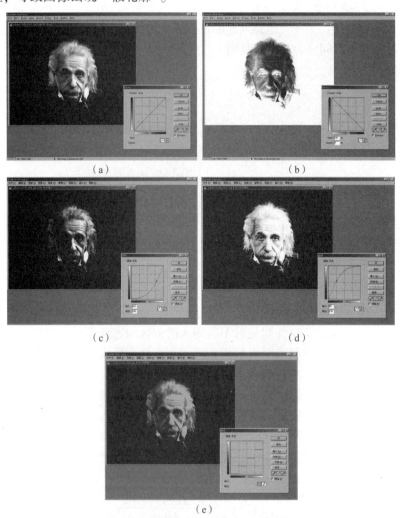

（a）   （b）

（c）   （d）

（e）

图 5-3　采用不同灰度变换的效果对比

（a）原始图像；（b）灰度倒置的底片效果；（c）非线性灰度变换对数效应；
（d）非线性灰度变换指数效应；（e）分段线性化出现"假轮廓"

5.2.2　直方图处理

5.2.2.1　灰度直方图简介

灰度直方图是按照灰度值的大小，统计数字图像中的像素出现的频率，其横坐标是灰度级，纵坐标是该灰度出现的频率或像素的个数。灰度直方图能给出该图像的概括性描述，如图像中灰度的分布范围，整幅图像的亮暗程度以及对比度情况，但不能反映这些灰度在图像上的几何分布情况。灰度直方图分为 3 种类型，分别为单峰直方图、双峰直方图及多峰直方图。

单峰直方图：只有一个峰的直方图称为单峰直方图，如图 5-4（b）所示，其对应的图像中对象区域只占很小部分比例。若洁净工件上有很小的疵点，则其直方图表现为单峰直方图，我们可利用单峰直方图分离疵点。

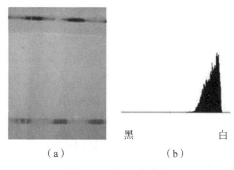

（a）　　　　　　　　　（b）

图 5-4　单峰直方图

（a）原始图像；（b）图像对应直方图

双峰直方图：若图像可分为两部分，一部分是研究对象，另一部分是背景，那么图像会存在两个不同灰度的区域，其中对象对应直方图中的小峰，背景较亮区域对应于直方图中的大峰，如图 5-5 所示。

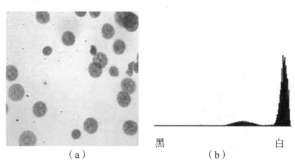

（a）　　　　　　　　　（b）

图 5-5　双峰直方图

（a）原始图像；（b）图像对应直方图

多峰直方图：较复杂的图像一般对应多峰直方图，如图 5-6 所示。

直方图修正的目的是使修正后的图像的灰度间距拉开或者使图像灰度分布均匀，从而增大反差，使图像细节清晰，从而达到图像增强的目的，因此，直方图修正法也是图像增强的一个重要方法。直方图修正法主要包括直方图均衡化和直方图规定化两种。

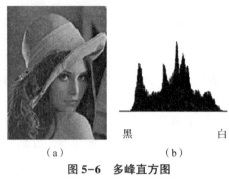

图 5-6　多峰直方图

（a）原始图像；（b）图像对应直方图

5.2.2.2　直方图均衡化

直方图均衡化通过对原图像进行某种变换，使原图像的灰度直方图修正为均匀分布直方图，从而达到调整图像对比度的目的。通过这种方法，可以增加图像的全局对比度，使亮度更好地在直方图上分布。这种方法适用于背景和前景太亮或太暗的图像，如改善 X 光骨骼结构图像的明暗度，使得骨骼结构更加清晰。此方法优势在于技术成熟且操作可逆，若已知均衡化参数，则可恢复原始图像直方图，缺点在于可能会增加背景噪声对比度且降低信号对比度。图 5-7 为同一图像不同对比度与其对应的灰度直方图展示效果，由图可知，不同对比度的相同图像对应的灰度直方图差异巨大。

图 5-7　同一图像不同对比度与其对应的灰度直方图展示效果

（a）低对比度图像；（b）低对比度图像对应的灰度直方图；（c）高对比度图像；

（d）高对比度图像对应的灰度直方图

如果将图像中像素亮度（灰度级别）看成是一个随机变量，则其分布情况就反映了图像的统计特性，这可用概率密度函数（Probability Density Function，PDF）来刻画和描述，表现为灰度直方图。若要进行图像的直方图均衡化，必须首先求得均衡化函数。

为了便于分析，我们首先假设图像的灰度范围为 0~1 且连续，此时图像的归一化直方图即为概率密度函数，即

$$p(x),0 \leqslant x \leqslant 1 \tag{5-4}$$

由概率密度函数的性质，有

$$\int_0^1 p(x)\,\mathrm{d}x = 1 \tag{5-5}$$

设转换前图像的概率密度函数为 $p_r(r)$，转换后图像的概率密度函数为 $p_s(s)$，转换函数为 $s = f(r)$。由概率论知识可得

$$p_s(s) = p_r(r) \cdot \frac{\mathrm{d}r}{\mathrm{d}s} \tag{5-6}$$

因此，若转换后图像的概率密度函数 $p_s(s) = 1$，$0 \leqslant s \leqslant 1$（即直方图是均匀的），则必须满足

$$p_r(r) = \frac{\mathrm{d}s}{\mathrm{d}r} \tag{5-7}$$

等式两边对 r 积分，可得

$$s = f(r) = \int_0^r p_r(\mu)\,\mathrm{d}\mu \tag{5-8}$$

上式被称作图像的累积分布函数，其中 μ 仅代表求积分时使用的字母符号，无特殊含义。

式（5-8）是灰度取值在 [0,1] 范围内推导出来的，但在实际情况中，图像的灰度值范围为 [0,255]，因此需将上式乘以最大灰度值 $D_{\max}$（对于灰度图即为 255）。此时，灰度均衡的转换公式为

$$D_B = f(D_A) = D_{\max} \int_0^{D_A} p_{D_A}(\mu)\,\mathrm{d}\mu \tag{5-9}$$

式中：D_B——转换后的灰度值；

　　　D_A——转换前的灰度值。

而对于离散灰度级，相应的转换公式为

$$D_B = f(D_A) = \frac{D_{\max}}{A_0} \sum_{i=0}^{D_A} H_i \tag{5-10}$$

式中：H_i——第 i 级灰度的像素个数；

　　　A_0——图像的面积，即像素总数。

需要注意的是，变换函数 f 是一个单调增加的函数，这是为了保证无论像素如何映射，图像原本的大小关系不变以及原图像较亮的区域依旧较亮，较暗的区域依旧较暗，图像只能发生对比度的变化，而绝对不能明暗颠倒。

5.2.2.3　直方图规定化

直方图规定化是使原图像灰度直方图变成规定形状的直方图而对图像作修正的增强方法。理想情况下，直方图均衡化实现了图像灰度的均衡分布，对提高图像对比度、亮度具有明显作用。在实际应用中，有时并不需要图像的直方图具有整体的均匀分布，而希望直

方图与规定要求的直方图一致，这就需要用到直方图规定化，如图 5-8 所示。

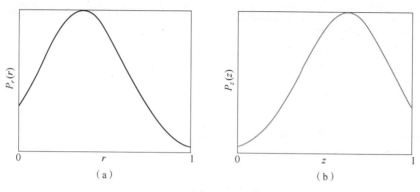

图 5-8　直方图规定化

（a）原直方图；（b）规定直方图

设 $P_r(r)$ 和 $P_z(z)$ 分别表示原始灰度图像和目标图像的灰度分布概率密度函数，根据直方图规定化的特点与要求，应使原始图像的直方图具有 $P_z(z)$ 所表示的形状，因此，建立 $P_r(r)$ 和 $P_z(z)$ 之间的关系是直方图规定化必须解决的问题。

根据直方图均衡化理论，首先对原始图像进行直方图均衡化处理，即求变换函数

$$s = T(r) = \int_0^r P_r(x)\,\mathrm{d}x \tag{5-11}$$

现假定直方图规定化的目标图像已经实现，对于目标图像也采用同样的方法进行均衡化处理，因而有

$$v = G(z) = \int_0^z P_z(x)\,\mathrm{d}x \tag{5-12}$$

式（5-12）的逆变换为

$$z = G^{-1}(v) \tag{5-13}$$

式（5-13）表明，可通过均衡化后的灰度级 v 求出目标函数的灰度级 z。由于对目标图像和原始图像都进行了均衡化处理，因此具有相同的分布密度，即

$$P_s(s) = P_v(v) \tag{5-14}$$

因而可以用原始图像均衡化以后的灰度级 s 代表 v，即

$$z = G^{-1}(v) = G^{-1}(s) \tag{5-15}$$

所以，可以依据原始图像均衡化后的图像的灰度值得到目标图像的灰度级 z。

直方图增强处理也存在以下 3 点不足之处。

（1）处理后的图像灰度级有所减少，致使某些细节消失。

（2）某些图像（如直方图有高峰等）经处理后其对比度易产生不自然的过分增强。例如，某些卫星图像或医学图像因灰度分布过分集中，均衡化处理时其结果往往会出现过亮或过暗现象，达不到增强视觉效果的目的。

（3）对于图像的有限灰度级，量化误差经常引起信息丢失，导致一些敏感的边缘因与相邻像素点的合并而消失，这是直方图修正增强无法避免的问题。

5.3　空域滤波增强

5.3.1　原理与分类

空域滤波是指应用某一模板对每个像素与其周围邻域的所有像素进行某种数学运算得到该像素的灰度值，新的灰度值的大小不仅与该像素的灰度值有关，而且还与其邻域内的像素值的灰度值有关。空域滤波包括模板运算和卷积运算两种。

5.3.1.1　模板运算

模板运算是数字图像处理中常用的一种运算方式，图像的平滑、锐化、细化、边缘检测等都要用到。例如，有一种常见的平滑算法是将原图中的一个像素的灰度值和它周围邻近 8 个像素的灰度值相加，然后将求得的平均值作为新图像中该像素的灰度值。其操作表示为

$$\frac{1}{9}\begin{bmatrix} 1 & 1 & 1 \\ 1 & 1^{*} & 1 \\ 1 & 1 & 1 \end{bmatrix} \tag{5-16}$$

式（5-16）称为模板（Template），其中带 * 的元素为中心元素，即这个元素是将要被处理的元素。

如果模板为

$$\frac{1}{9}\begin{bmatrix} 1^{*} & 1 & 1 \\ 1 & 1 & 1 \\ 1 & 1 & 1 \end{bmatrix} \tag{5-17}$$

该操作的含义是，将原图中一个像素的灰度值和它右下相邻近的 8 个像素值相加，然后将求得的平均值作为新图像中该像素的灰度值。

模板运算实现了一种邻域运算，即某个像素点的结果不仅和本像素灰度值有关，而且和其邻域点的像素灰度值有关。

5.3.1.2　卷积运算

卷积运算中的卷积核就是模板运算中的模板，卷积核中的元素称作加权系数，也称为卷积系数，卷积核中的系数大小及排列顺序，决定了对图像进行区处理的类型。改变卷积核中的加权系数，会影响总和的数值与符号，从而影响所求像素的新值，简而言之，卷积就是进行加权求和的过程。

卷积运算的基本思路是将某个像素的值作为它本身的灰度值和其相邻像素的灰度值的函数，模板可以看作是 $n \times n$ 的小图像，最基本的尺寸为 3×3，更大的尺寸如 5×5、7×7，其基本步骤如下：

（1）将模板在图中漫游，并将模板中心与图中某个像素位置重合；

（2）将模板上的各个像素与模板下的各对应像素的灰度值相乘；

（3）将所有乘积相加（为保持图像的灰度范围，常常将灰度值除以模板中像素的个数）得到的结果赋给图中对应模板中心位置的像素。

假定邻域为3×3大小，卷积核大小与邻域相同，那么邻域中的每个像素分别与卷积核中的每一个元素相乘，乘积求和所得结果即为中心像素的新值。例如，3×3的像素区域 R 与模板 G 的卷积运算为

R5(中心像素)= 1/9(R1G1+R2G2+R3G3+R4G4+R5G5+R6G6+R7G7+R8G8+R9G9)

$$(5-18)$$

当使用卷积模板处理图像边界像素时，卷积模板与图像使用区域不能匹配，若卷积核的中心与边界像素点对应，卷积运算将出现问题，这就是常说的边界问题。常用的处理办法：

（1）忽略边界像素，也就是处理后的图像直接丢掉原图像的边界像素；

（2）保留原边界像素，也就是处理后图像的边界像素出原图像的边界像素直接复制得到。

借助模板进行空域滤波，可使原图像转换为增强图像，模板系数不同，得到的增强效果不同。模板本身被称为空域滤波器，空域滤波器可以按照处理效果分为平滑滤波器和锐化滤波器，按照数学表达形式分为线性滤波器和非线性滤波器。下面针对平滑滤波器和锐化滤波器展开具体介绍。

5.3.2 平滑滤波器

平滑滤波器又称为钝化滤波器，其作用是消除噪声，使图像模糊化，即在提取较大目标前，先去除太小的细节或将目标内的小间断连接起来。图像在传输过程中，由于传输信道、采样系统质量较差，或受各种干扰的影响，容易造成图像粗糙，此时，就需对图像进行平滑处理。平滑滤波能在不影响低频率分量的前提下，减弱或消除图像中高频率的分量，因为高频分量对应图像中的区域边缘等灰度值较大、变化较快的部分，平滑滤波将这个分量滤除可以减少局部灰度的起伏，使图像变得平滑。直接在空域上对图像进行平滑处理的方法便于实现，计算速度快，结果也比较令人满意。

5.3.2.1 均值滤波器

均值滤波器又称为邻域平均法，是指利用 Box 模板对图像进行卷积运算的图像平滑方法，即用模板中全体像素的均值来替代原像素值的方法。Box 模板是指模板中所有系数都取相同值的模板。

均值滤波器的基本思想是通过一点和邻域内像素点求平均来去除突变的像素点，从而滤掉一定的噪声，其主要优点是算法简单，计算速度快，但其代价是会造成图像一定程度上的模糊。并且，其平滑效果与所采用邻域的半径（模板大小）有关，半径越大，则图像的模糊程度越大。常用的3×3 Box 模板为

$$\boldsymbol{H} = \frac{1}{9}\begin{bmatrix} 1 & 1 & 1 \\ 1 & 1^* & 1 \\ 1 & 1 & 1 \end{bmatrix} \qquad (5-19)$$

图5-9是采用3×3 Box 模板进行均值滤波的结果，图中的计算结果按四舍五入进行了调整，且对边界像素不进行处理。

在实际中将以上的均值滤波器加以修正，可以得到加权平均滤波器，即将邻域中各个像素乘以不同的权重然后再平均。式（5-20）和式（5-21）是两个3×3加权平均滤波器

$$\begin{bmatrix} 1 & 2 & 1 & 4 & 3 \\ 1 & 2 & 2 & 3 & 4 \\ 5 & 7 & 6 & 8 & 9 \\ 5 & 7 & 6 & 8 & 8 \\ 5 & 6 & 7 & 8 & 9 \end{bmatrix} \Longrightarrow \begin{bmatrix} 1 & 2 & 1 & 4 & 3 \\ 1 & 3 & 4 & 4 & 4 \\ 5 & 4 & 5 & 6 & 9 \\ 5 & 6 & 7 & 8 & 8 \\ 5 & 6 & 7 & 8 & 9 \end{bmatrix}$$

图 5-9　均值滤波器

模板，每个模板前面的乘数等于 1 除以所有系数之和。

$$H_1 = \frac{1}{16} \begin{bmatrix} 1 & 2 & 1 \\ 2 & 4^* & 2 \\ 1 & 2 & 1 \end{bmatrix} \tag{5-20}$$

$$H_2 = \frac{1}{10} \begin{bmatrix} 1 & 1 & 1 \\ 1 & 2^* & 1 \\ 1 & 1 & 1 \end{bmatrix} \tag{5-21}$$

加权平均滤波器对图像的处理方法与均值滤波器相同，只是模板发生改变而已。

5.3.2.2　超限邻域平均法

超限邻域平均法就是如果某个像素的灰度值大于其邻域像素的平均值，且达到了一定水平，则认为该像素为噪声，继而用邻域像素的均值取代这一像素值。超限邻域平均法用式（5-22）表示：

$$g(i,j) = \begin{cases} \dfrac{1}{N \times N} \sum_{(x,y) \in A} f(x,y), & \left| f(i,j) - \dfrac{1}{N \times N} \sum_{(x,y) \in A} f(x,y) \right| > T \\ f(i,j), & 其他 \end{cases} \tag{5-22}$$

式中：$N \times N$——超限邻域平均法模板的大小；

　　　A——图像中与超限邻域平均法模板重合的区域集合；

　　　T——某一阈值。

从图 5-10 可以看出，超限邻域平均法比一般邻域平均法的效果要好，但是在操作中对模板的大小及阈值的选择要慎重，T 太小时噪声消除不干净，T 太大易使图像模糊。

5.3.2.3　中值滤波器

中值滤波是一种典型的非线性滤波，是一种基于排序统计理论的能够有效抑制噪声的非线性信号处理技术，基本思想是把局部区域的像素按灰度等级进行排序，取该邻域中灰度值的中值作为当前像素的灰度值。在一定条件下，中值滤波器可以克服线性滤波器处理图像细节模糊的问题，而且它对滤除脉冲干扰和图像扫描噪声非常有效，但是，对点、线、尖顶等细节较多的图像，则会引起图像信息的丢失。中值滤波对孤立的噪声像素即椒盐噪声具有良好的滤波效果，由于其并不是简单地取均值，因此产生的模糊也就相对比较少。中值滤波的步骤如下：

（1）将滤波模板（含有若干个点的滑动窗口）在图像中漫游，并将模板中心与图中某个像素位置重合；

（2）读取模板中各对应像素的灰度值；

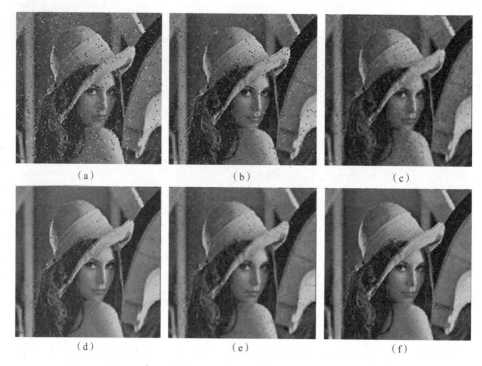

图 5-10　超限邻域平均法

（a）3%椒盐噪声干扰的噪声图像；（b）3%随机脉冲噪声干扰的噪声图像；
（c）用 3×3 模板邻域平均法对图（a）进行滤波；（d）用 3×3 模板邻域平均法对图（b）进行滤波；
（e）用 3×3 超限邻域平均法对图（a）进行滤波；（f）用 3×3 超限邻域平均法对图（b）进行滤波

（3）将这些灰度值从小到大排列；

（4）取这一列数据的中间数据，将其赋给对应模板中心位置的像素。如果窗口中有奇数个元素，中值取元素按灰度值大小排序后的中间元素灰度值；如果窗口中有偶数个元素，中值取元素按灰度值大小排序后，中间两个元素的灰度平均值。

中值滤波的模板形状和尺寸对滤波效果影响较大，不同的图像内容和不同的应用要求，往往采用不同的模板形状和尺寸，模板大小则以不超过图像中最小有效物体的尺寸为宜。常用的中值滤波模板有线状、方形、圆形、十字形以及圆环形等，如图 5-11 所示。模板尺寸一般先用 3×3，再取 5×5，逐渐增大，直到滤波效果满意为止。就一般经验来讲，对于有缓变的较长轮廓线物体的图像，采用方形或圆形模板为宜；对于包含有尖顶物体的图像，用十字形模板较好。

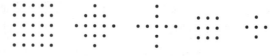

图 5-11　中值滤波几种常用模板

由图 5-12（d）与图 5-12（f），图 5-12（e）与图 5-12（g）的对比可知，中值滤波的增强效果要好于均值滤波的增强效果。

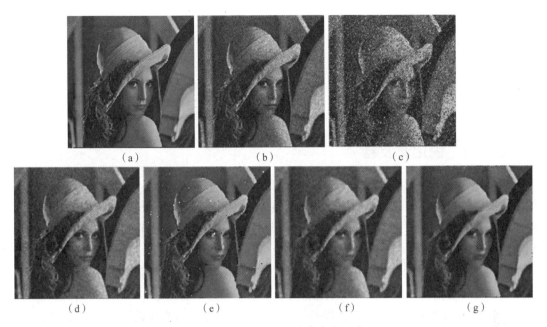

图 5-12　中值滤波与均值滤波效果对比

（a）原图；（b）高斯噪声；（c）椒盐噪声；（d）对图（b）进行均值滤波；（e）对图（c）进行均值滤波；

（f）对图（b）进行 5×5 中值滤波；（g）对图（c）进行 5×5 中值滤波

5.3.2.4　超限中值滤波器

当某个像素的灰度值超过窗口中像素的灰度值排序中间的那个值，且达到一定水平时，认为该点为噪声，则用灰度值排序中间的那个值来代替，否则还是保持原来的灰度值。超限中值滤波器的表达式为

$$g(i,j)=\begin{cases}f_{N/2}(x,y),\ |f(i,j)-f_{N/2}(x,y)|>T\ \text{且}\ N\ \text{为奇数}\\ f_{(2N+1)/2}(x,y),\ |f(i,j)-f_{(2N+1)/2}(x,y)|>T\ \text{且}\ N\ \text{为偶数}\\ f(i,j),\ \text{其他}\end{cases} \tag{5-23}$$

式中：$g(i,j)$——增强后的图像；

　　$f(i,j)$——原图像；

　　N——超限中值滤波器模板的大小；

　　T——某一阈值。

5.3.2.5　K 近邻均值（中值）滤波器

K 近邻均值（中值）滤波器的步骤如下：

（1）以待处理像素为中心，作一个 $m×m$ 的作用模板；

（2）在模板中，选择 K 个与待处理像素的灰度差为最小的像素；

（3）用这 K 个像素的灰度均值（中值）替换原来的像素值。

图 5-13 是使用 3×3 模板，$K=5$ 的 K 近邻均值（中值）滤波处理效果。

$$\begin{bmatrix} 1 & 2 & 1 & 4 & 3 \\ 1 & 2 & 2 & 3 & 4 \\ 5 & 7 & 6 & 8 & 9 \\ 5 & 7 & 6 & 8 & 8 \\ 5 & 6 & 7 & 8 & 9 \end{bmatrix} \Rightarrow \begin{bmatrix} 1 & 2 & 1 & 4 & 3 \\ 1 & 2 & 2 & 3 & 4 \\ 5 & 6 & 7 & 8 & 9 \\ 5 & 7 & 6 & 8 & 8 \\ 5 & 6 & 7 & 8 & 9 \end{bmatrix}$$

图 5-13　K 近邻均值（中值）滤波处理效果

5.3.3　锐化滤波器

锐化滤波能减弱或消除图像中的低频分量，但不影响高频分量，因为低频分量对应图像中灰度值缓慢变化的区域，因而与图像的整体特性如整体对比度和平均灰度值有关。锐化滤波能使图像反差增加，边缘明显，可用于增强图像中模糊的细节或景物边缘。图像锐化的主要目的有以下两个。

（1）增强图像边缘，使模糊的图像变得更加清晰、颜色变得鲜明突出、图像的质量有所改善，产生更适合人眼观察和识别的图像。

（2）使目标物体的边缘鲜明，以便于提取目标的边缘、对图像进行分割、目标区域识别、区域形状提取等，为进一步的图像理解与分析奠定基础。

图像锐化的主要用途如下。

（1）印刷中的细微层次强调，弥补扫描等对图像的钝化。

（2）通过锐化来改善超声探测中分辨率低、边缘模糊的图像。

（3）用于图像识别中的边缘提取。

（4）锐化处理过度钝化、曝光不足的图像。

（5）处理只剩下边界的特殊图像。

（6）尖端武器的目标识别、定位。

5.3.3.1　拉普拉斯锐化

图像的拉普拉斯锐化是利用拉普拉斯算子对图像进行边缘增强的一种方法，它的基本思想是，当邻域的中心像素灰度低于它所在的邻域内其他像素的平均灰度时，此中心像素的灰度应被进一步降低，当邻域的中心像素灰度高于它所在的邻域内其他像素的平均灰度时，此中心像素的灰度应被进一步提高，以此实现图像的锐化处理。运用拉普拉斯锐化可以增强图像的细节，找到图像的边缘，但是有时会同时增强噪声，所以最好在锐化前对图像进行平滑处理。

拉普拉斯锐化是使用二阶微分的图像锐化，首先来了解连续函数及离散函数中微分与图像像素之间的关系。

连续函数的微分表达为

$$f'(x)=\lim_{h\to 0}\frac{f(x+h)-f(x)}{h} \text{或} f'(x)=\lim_{h\to 0}\frac{f(x+h)-f(x-h)}{2h} \tag{5-24}$$

对于离散情况（图像），其导数必须用差分方差来近似，有

$$I_x=\frac{I(x)-I(x-h)}{h}\text{，前向差分} \tag{5-25}$$

$$I_x = \frac{I(x+h)-I(x-h)}{2h}, \text{中心差分} \tag{5-26}$$

式中：$f(x)$、I_x、$I(x)$——数学表达式中的统一表示。

由图 5-14 可知，函数的一阶微分描述了函数图像是朝哪里变化的，即增长或者降低；而二阶微分描述的则是图像变化的速度，急剧地增长下降还是平缓地增长下降。据此我们可以猜测，依据二阶微分能够找到图像的色素的过渡程度，如白色到黑色的过渡就是比较急剧的。

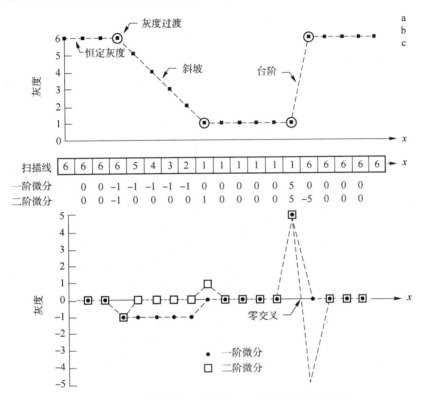

图 5-14　图像灰度与一阶微分、二阶微分的对应关系

根据上面的数学基础，将微分与离散的图像像素相联系，下面是一阶偏微分和二元函数微分的公式表达，即

$$\frac{\partial f}{\partial x}=f(x,y)-f(x-1,y) \Rightarrow \frac{\partial^2 f}{\partial x^2}=f(x+1,y)+f(x-1,y)-2f(x,y) \tag{5-27}$$

$$\frac{\partial f}{\partial y}=f(x,y)-f(x,y-1) \Rightarrow \frac{\partial^2 f}{\partial y^2}=f(x,y+1)+f(x,y-1)-2f(x,y) \tag{5-28}$$

$$\nabla f=\frac{\partial f}{\partial x}+\frac{\partial f}{\partial y}=2f(x,y)-f(x-1,y)-f(x,y-1) \tag{5-29}$$

$$\nabla^2 f=\frac{\partial^2 f}{\partial x^2}+\frac{\partial^2 f}{\partial y^2} \tag{5-30}$$

$$\nabla^2 f=f(x+1,y)+f(x-1,y)+f(x,y+1)-f(x,y-1)-4f(x,y) \tag{5-31}$$

式中：$f(x,y)$——图像(x,y)坐标位置的像素的灰度值；

　　　∇f——拉普拉斯算子。

根据上面的二阶微分法，得出4邻域模板为

$$\begin{bmatrix} 0 & 1 & 0 \\ 1 & -4 & 1 \\ 0 & 1 & 0 \end{bmatrix} \qquad (5-32)$$

观察式（5-32）的模板发现，当邻域内像素灰度相同时，卷积结果为0；当中心像素灰度值高于邻域内其他像素平均灰度值时，卷积结果为负；当中心像素灰度值低于邻域其他像素平均灰度值时，卷积结果为正。最后把卷积结果加到原中心像素，即使用将原始图像和拉普拉斯图像叠加在一起的简单方法以达到保护拉普拉斯锐化处理的效果，同时又能复原背景信息。所以，使用拉普拉斯变换对图像锐化增强的基本方法可表示为

$$g(x) = \begin{cases} f(x,y) - \nabla^2 f(x,y), & \text{拉普拉斯模板中心系数为负} \\ f(x,y) + \nabla^2 f(x,y), & \text{拉普拉斯模板中心系数为正} \end{cases} \qquad (5-33)$$

图5-15是对图像进行拉普拉斯锐化前后的对比效果展示，可明显看出拉普拉斯锐化后的图像边缘变得更加清晰。

图5-15 拉普拉斯锐化效果对比图

（a）原始图像；（b）拉普拉斯锐化后的图像

拉普拉斯锐化处理模板不唯一，图5-16是拉普拉斯锐化常用的两个4邻域模板。

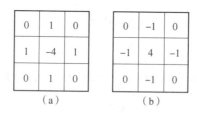

图5-16 拉普拉斯锐化的4邻域模板

（a）第一种4邻域模板；（b）第二种4邻域模板

除了3×3邻域，拉普拉斯锐化算法还可以扩展到其他大小邻域的情况，如在图5-16（a）中添入两项，即两个对角线方向各加1，由于每个对角线方向上的项还包含一个$-2f(x,y)$，因此总共应减去$-8f(x,y)$，如图5-17（a）所示，同样道理可由图5-16（b）得到图5-17（b）。

中心系数为正的8邻域拉普拉斯锐化模板对应的表达式为

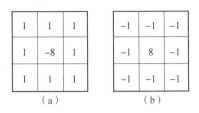

图 5-17　拉普拉斯锐化的 8 邻域模板

（a）第一种 8 邻域模板；（b）第二种 8 邻域模板

$$\nabla^2 f = 8f(x,y) - f(x-1,y-1) - f(x-1,y) - f(x-1,y+1) - f(x,y-1) \\ - f(x,y+1) - f(x+1,y-1) - f(x+1,y) - f(x+1,y+1) \tag{5-34}$$

图 5-18 是对同一图像分别使用 4 邻域模板和 8 邻域模板进行拉普拉斯锐化的效果对比，由图可知，拉普拉斯锐化处理让图像中人眼不易察觉的细小缺陷变得明显，且对原图像进行拉普拉斯锐化时使用 8 邻域模板比使用 4 邻域模板得到的结果更好，图像的细节更加清晰。

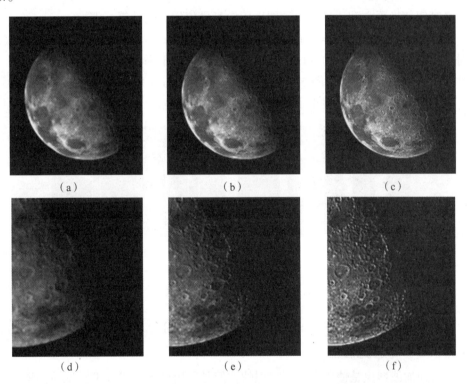

图 5-18　对同一图像使用不同模板的拉普拉斯锐化效果对比

（a）原始图像；（b）使用 4 邻域模板对原图像进行拉普拉斯锐化；（c）使用 8 邻域模板对原图像进行拉普拉斯锐化；
（d）原始图像细节图；（e）使用 4 邻域模板对原图像进行拉普拉斯锐化形成图像的细节图；
（f）使用 8 邻域模板对原图像进行拉普拉斯锐化形成图像的细节图

5.3.3.2　梯度锐化

图像锐化法最常用的是梯度锐化，对于图像 $g(x,y)$ 在 (x,y) 处的梯度定义为

$$\mathbf{grad}(x,y) = \begin{bmatrix} f'_x \\ f'_y \end{bmatrix} = \begin{bmatrix} \dfrac{\partial f(x,y)}{\partial x} \\ \dfrac{\partial f(x,y)}{\partial y} \end{bmatrix} \tag{5-35}$$

值得注意的是梯度是一个矢量，拥有大小和方向，梯度大小的表达式为

$$\mathbf{grad}(x,y) = \sqrt{{f'_x}^2 + {f'_y}^2} = \sqrt{\left[\dfrac{\partial f(x,y)}{\partial x}\right]^2 + \left[\dfrac{\partial f(x,y)}{\partial y}\right]^2} \tag{5-36}$$

拉普拉斯锐化部分已经说明一阶偏微分与图像像素值之间的关系，此处仍然沿用离散函数的差分近似表示。考虑一个 3×3 的图像区域，$f(x,y)$ 代表 (x,y) 位置的灰度值，那么

$$\begin{cases} \dfrac{\partial f(x,y)}{\partial x} = f(x+1,y) - f(x,y) \\ \dfrac{\partial f(x,y)}{\partial y} = f(x,y+1) - f(x,y) \end{cases} \tag{5-37}$$

$$\Rightarrow \mathbf{grad}(x,y) = \sqrt{[f(x+1,y)-f(x,y)]^2 + [f(x,y+1)-f(x,y)]^2}$$

用绝对值替换平方和、平方根，即采用向量模值的近似计算，即

$$\mathbf{grad}(x,y) = |f(x+1,y)-f(x,y)| + |f(x,y+1)-f(x,y)| \tag{5-38}$$

对于一幅图像中突出的边缘区，其梯度值较大；对于平滑区，梯度值较小；对于灰度级为常数的区域，梯度为 0。图 5-19 是一幅二值图像与其采用梯度计算后得到的图像的对比，由图可知，梯度锐化突出了图像边缘，起到了增强边缘的作用。

（a）　　　　　　　　　　　（b）

图 5-19　梯度锐化

（a）二值图像；（b）梯度图像

除梯度算子以外，还可采用 Roberts、Prewitt 和 Sobel 算子计算梯度，来增强边缘。

5.3.3.3　高通滤波器

线性高通滤波器也是使用卷积来实现的，但是所用模板与线性平滑滤波不同，常用的模板为

$$\mathbf{H}_1 = \begin{bmatrix} 0 & -1 & 0 \\ -1 & 5 & -1 \\ 0 & -1 & 0 \end{bmatrix} \tag{5-39}$$

$$\mathbf{H}_2 = \begin{bmatrix} -1 & -2 & -1 \\ -2 & 5 & -2 \\ -1 & -2 & -1 \end{bmatrix} \tag{5-40}$$

5.4　彩色增强

人的生理视觉系统对微小的灰度变化不敏感，而对彩色的微小差别极为敏感。人眼一般能够区分的灰度级只有二十几个，而对不同亮度和色调的彩色图像分辨能力却可达到灰度分辨能力的百倍以上。利用这个特性人们就可以把人眼不敏感的灰度信号映射为人眼敏感的彩色信号，以增强人对图像中细微变化的分辨力。彩色增强就是根据这个特性，将彩色用于图像增强之中，在图像处理技术中彩色增强的应用十分广泛且效果显著。一般采用的彩色增强方法有伪彩色增强、假彩色增强和真彩色增强，下面对这几种方法展开详细介绍。

5.4.1　伪彩色增强

伪彩色增强是把黑白图像的各个不同灰度级按照线性或非线性的映射函数变换成不同的彩色，得到一幅彩色图像的技术。伪彩色增强从图像处理的角度看，输入的是灰度图像，输出的是彩色图像，因为原图并没有颜色，所以人工赋予的颜色常称为伪彩色。伪彩色增强不仅适用于航空摄影和遥感图片，也可用于医学 X 光片及遥感云图的判读方面，这个过程可以用软件完成，也可用硬件设备来实现。伪彩色增强的方法主要有密度分割法、灰度变换法和频域伪彩色增强 3 种。

5.4.1.1　密度分割法

密度分割法是把灰度图像的灰度范围分成 k 个区间，给每个区间 $[l_{i-1}, l_i]$ 指定一种彩色 c_i，这样便可以把一幅灰度图像变成一幅伪彩色图像。

假设原始图像的灰度范围为

$$0 \leqslant f(x,y) \leqslant L \tag{5-41}$$

用 $k+1$ 灰度等级把该灰度范围分为 k 段，即

$$l_0, l_1, l_2, l_3, \cdots, l_k, l_0 = 0(\text{黑}), l_k = L(\text{白}) \tag{5-42}$$

映射每一段灰度成一种颜色，映射关系为

$$g(x,y) = c_i \ (l_{i-1} \leqslant f(x,y) \leqslant l_i, i=1,2,\cdots,k) \tag{5-43}$$

式中：$g(x,y)$——输出的伪彩色图像；

　　　c_i——灰度在 $[l_{i-1}, l_i]$ 中映射成的彩色。

经过这种映射处理后，原始图像 $f(x,y)$ 就变成了伪彩色图像 $g(x,y)$。若原始图像 $f(x,y)$ 的灰度分布遍及上述 k 个灰度段，则伪彩色图像 $g(x,y)$ 就具有 k 种色彩。该方法比较简单、直观，但变换出的彩色数目有限。图 5-20 是对灰度图像进行伪彩色增强前后的效果对比。

由图 5-20 可以看出，灰度图像通过伪彩色增强变换为彩色图像后，图像的色彩信息更丰富，其分辨效果更好。

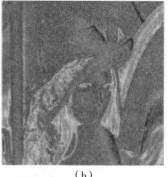

（a） （b）

图 5-20 伪彩色增强前后的效果对比（附彩插）

（a）原始图像；（b）伪彩色增强后的图像

5.4.1.2 灰度变换法

依据三基色原理，每一彩色由红、绿、蓝三基色按照适当比例进行合成，灰度变换法就是对原始图像中每个像素的灰度值用 3 个独立的变换来处理。灰度变换法对灰度图像进行伪彩色增强处理的表达式为

$$R(x,y)=T_R[f(x,y)] \tag{5-44}$$

$$G(x,y)=T_G[f(x,y)] \tag{5-45}$$

$$B(x,y)=T_B[f(x,y)] \tag{5-46}$$

式中，$R(x,y)$，$G(x,y)$，$B(x,y)$——表示伪彩色中三基色分量的数值；

$f(x,y)$——处理前图像的灰度值；

T_R，T_G，T_B——三基色与原灰度值 $f(x,y)$ 的变换关系。

灰度变换法简单示意如图 5-21 所示。

图 5-21 灰度变换法简单示意

由图 5-21 可知，对输入图像的灰度值实行 3 种独立的变换 $T_R(\cdot)$，$T_G(\cdot)$ 和 $T_B(\cdot)$ 后得到对应的红、绿、蓝三基色。根据不同的场合要求，用这三基色对应的电平值控制图像显示器的红、绿、蓝三色电子枪，得到伪彩色图像的显示输出；或者用三基色对应的电平值作为彩色硬拷贝机的三基色输入，得到伪彩色图像的硬拷贝，如彩色胶片或彩色照片等。值得注意的是，采用灰度变换法进行伪彩色增强的结果不唯一，3 种变换 $T_R(\cdot)$，$T_G(\cdot)$ 和 $T_B(\cdot)$ 的不同映射会产生不同的图像增强结果。

5.4.1.3 频域伪彩色增强

频域伪彩色增强的步骤如图 5-22 所示，即把灰度图像经傅里叶变换到频域，在频域内用 3 个不同传递特性的滤波器分离成 3 个独立分量；然后对它们进行傅里叶反变换，可得到 3 幅代表不同频率分量的单色图像，接着对这 3 幅图像做进一步的处理，如直方图均衡化、反转操作等；最后将它们作为三基色分量分别加到彩色显示器的红、绿、蓝显示通道，得到一幅彩色图像。

图 5-22　频域伪彩色增强的步骤

5.4.2　假彩色增强

假彩色增强是将一幅彩色图像映射为另一幅彩色图像，从而增强色彩对比，使某些图像更加醒目，一般是把真实的自然彩色图像或遥感多光谱图像处理成假彩色图像，主要用途如下。

（1）将图像中的景物映射成奇异的彩色，使本色更引人注目。

（2）适应人眼对颜色的灵敏度，提高鉴别能力。例如，人眼对绿色亮度响应最敏感，可把细小物体映射成绿色；而人眼对蓝光的强弱对比敏感度最大，可把细节丰富的物体映射成深浅与亮度不一的蓝色。

（3）将遥感多光谱图像处理成假彩色图像，以获得更多信息。

图 5-23 是一幅经假彩色增强后的图像，由于人眼对绿色亮度响应最灵敏，因此将飞机的关键部位映射成绿色，使其在人眼视觉中拥有更加醒目的效果。

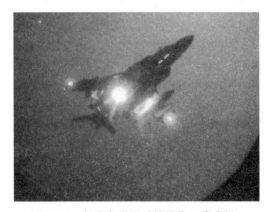

图 5-23　假彩色增强后的图像（附彩插）

5.4.3　真彩色增强

自然物体的彩色称为真彩色，真彩色增强的目的是在保持色彩不变的前提下，使得亮度有所增强。在屏幕上显示彩色图一般要借用 RGB 模型，但 HSI 模型在许多处理中有其独特的优点，在 HSI 模型中，亮度分量与色度分量是分开的，这与人的视觉效果是紧密联系的，所以常采用 HSI 模型。

在 HSI 模型中，H 是色调，S 是饱和度，I 是密度，这 3 个值构成亮度分量，色调和饱和度合起来称为色度（HS）。

一种简便常用的真彩色增强方法的基本步骤如下：

（1）将 R、G、B 分量转化为 H、S、I 分量图，此时亮度分量就和色度分量分开了；

（2）利用对灰度图增强的方法增强其中的 I 分量图；

（3）再将结果转换为用 R、G、B 分量图来显示。

既然只是在色彩不变的前提下，对亮度进行增强，那么直接对 R、G、B 进行处理不可以吗？答案肯定是不行的，在这里需要指出，如果对 R、G、B 各分量直接使用对灰度图的增强方法，虽然可以增加图中的可视细节亮度，但得到的增强图中的色调有可能完全没有意义，因为 R、G、B 这 3 个分量既包含了亮度信息也包含了色彩信息，在增强图中对应同一像素的这 3 个分量都发生了变化，它们的相对数值与原来不同了，从而会导致原图颜色的较大改变。

5.5 频域滤波增强

频域滤波增强利用图像变换方法将原来的图像空间中的图像以某种形式转换到其他空间中，然后利用该空间的特有性质方便地进行图像处理，最后再转换回原来的图像空间中，从而得到处理后的图像。

频域增强的主要步骤如下：

（1）选择变换方法，将输入图像变换到频域空间；

（2）在频域空间中，根据处理目的设计一个转移函数并进行处理；

（3）将所得结果用反变换得到图像增强。

在频域中高频代表了图像的边缘或者纹理细节，而低频代表了图像的轮廓信息，所以，和空域滤波类似，低通滤波可以看作对图像的模糊，而高通滤波可以看作边缘检测。同时，频率的变化快慢也与图像的平均灰度成正比，低频对应于图像中缓慢变换的灰度分量，高频对应于灰度变换快的分量。因此，我们用一个在频域的滤波器来过滤频域中的高频或者低频部分，再将频域中的图像进行傅里叶反变换转换到空域即可实现图像的增强功能。

5.5.1 低通滤波

图像在传递过程中，噪声主要集中在高频部分，为去除噪声改善图像质量，滤波器采用低通滤波器 $H(u,v)$，来抑制高频成分，通过低频成分，然后再进行傅里叶反变换获得滤波图像，就可达到平滑图像的目的。在傅里叶变换域中，变换系数能反映某些图像的特征，如频谱的直流分量对应图像的平均亮度，噪声对应频率较高的区域，图像实体对应频率较低的区域等，因此频域常被用于图像增强。在图像增强中构造低通滤波器，使低频分量能够顺利通过，高频分量被有效地阻止，即可滤除该领域内噪声。由卷积定理，低通滤波器的数学表达式为

$$G(u,v) = F(u,v)H(u,v) \tag{5-47}$$

式中：$F(u,v)$——含有噪声的原图像的傅里叶变换域；

　　　$H(u,v)$——传递函数；

　　　$G(u,v)$——经低通滤波后输出图像的傅里叶变换。

假定噪声和信号成分在频率上可分离，且噪声表现为高频成分，那么低通滤波器可滤去高频成分，而低频信息基本无损失地通过。选择合适的传递函数 $H(u,v)$ 对频域低通滤波关系重大。常用频域低通滤波器 $H(u,v)$ 有 4 种，下面对这 4 种常用频域低通滤波器做详细介绍。

5.5.1.1　理想低通滤波器

设傅里叶平面上理想低通滤波器离开原点的截止频率为 D_0，则理想低通滤波器的传递函数为

$$H(u,v) = \begin{cases} 1, & D(u,v) \leqslant D_0 \\ 0, & D(u,v) > D_0 \end{cases} \tag{5-48}$$

式中：$H(u,v)$——传递函数；

　　　$D(u,v)$——点 (u,v) 到原点的距离，$D(u,v) = \sqrt{u^2+v^2}$；

　　　D_0——截止频率点到原点的距离。

图 5-24 中，在频域坐标系 (u,v) 中，$D(u,v)$ 表示点 (u,v) 到原点的距离，图中红色圆周上的点距离原点的距离为 D_0，进行理想低通过滤后，在圆周外面的将全部变暗（没有能量）。

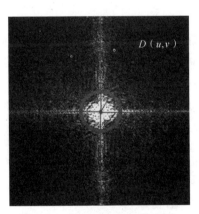

图 5-24　傅里叶变换（附彩插）

5.5.1.2　巴特沃斯（Butterworth）低通滤波器

n 阶巴特沃斯低通滤波器的传递函数为

$$H(u,v) = \cfrac{1}{1 + \left[\cfrac{D(u,v)^2}{D_0} \right]} \tag{5-49}$$

式中：$H(u,v)$——传递函数；

$D(u,v)$——点(u,v)到原点的距离，$D(u,v)=\sqrt{u^2+v^2}$；

D_0——截止频率点到原点的距离。

5.5.1.3 指数低通滤波器

指数低通滤波器的传递函数为

$$H(u,v)=\mathrm{e}^{\left[-\frac{D(u,v)}{D_0}\right]^n} \tag{5-50}$$

式中：$H(u,v)$——传递函数；

$D(u,v)$——点(u,v)到原点的距离，$D(u,v)=\sqrt{u^2+v^2}$；

D_0——截止频率点到原点的距离。

5.5.1.4 梯形低通滤波器

梯形低通滤波器的传递函数为

$$H(u,v)=\begin{cases} 1, & D(u,v)<D_0 \\ \dfrac{D(u,v)-D_1}{D_0-D_1}, & D_0 \leqslant D(u,v) \leqslant D_1 \\ 0, & D(u,v)>D_0 \end{cases} \tag{5-51}$$

式中：$H(u,v)$——传递函数；

$D(u,v)$——点(u,v)到原点的距离，$D(u,v)=\sqrt{u^2+v^2}$；

D_0,D_1——截止频率点到原点的距离。

5.5.2 高通滤波

高通滤波器与低通滤波器的作用相反，它使高频分量顺利通过的同时削弱低频。图像的边缘、细节主要位于高频部分，而图像的模糊是由于高频成分比较弱产生的，因此采用高通滤波器可以对图像进行锐化处理，消除模糊，突出边缘。高通滤波的步骤是采用高通滤波器让高频成分通过，使低频成分削弱，再经傅里叶反变换得到边缘锐化的图像。常用的高通滤波器有理想高通滤波器、巴特沃斯高通滤波器、指数高通滤波器和梯形高通滤波器，下面进行详细介绍。

5.5.2.1 理想高通滤波器

二维理想高通滤波器的传递函数为

$$H(u,v)=\begin{cases} 0, & D(u,v) \leqslant D_0 \\ 1, & D(u,v)>D_0 \end{cases} \tag{5-52}$$

式中：$H(u,v)$——传递函数；

D_0——截止频率点到原点的距离；

$D(u,v)$——点(u,v)到原点的距离，$D(u,v)=\sqrt{u^2+v^2}$。

5.5.2.2 巴特沃斯高通滤波器

n阶巴特沃斯高通滤波器的传递函数为

$$H(u,v)=\frac{1}{1+\left[\dfrac{D_0}{D(u,v)}\right]^{2n}}$$ 　　(5-53)

式中：$H(u,v)$——传递函数；

D_0——截止频率点到原点的距离；

$D(u,v)$——点(u,v)到原点的距离，$D(u,v)=\sqrt{u^2+v^2}$；

n——与滤波器相关的常量。

5.5.2.3　指数高通滤波器

指数高通滤波器的传递函数为

$$H(u,v)=\mathrm{e}^{-\left[\frac{D_0}{D(u,v)}\right]^{n}}$$ 　　(5-54)

式中：$H(u,v)$——传递函数；

D_0——截止频率点到原点的距离；

$D(u,v)$——点(u,v)到原点的距离，$D(u,v)=\sqrt{u^2+v^2}$；

n——与滤波器相关的常量。

5.5.2.4　梯形高通滤波器

梯形高通滤波器的传递函数为

$$H(u,v)=\begin{cases}0, & D(u,v)<D_1\\ \dfrac{D(u,v)-D_1}{D_0-D_1}, & D_1\leq D(u,v)\leq D_0\\ 1, & D(u,v)>D_0\end{cases}$$ 　　(5-55)

式中：$H(u,v)$——传递函数；

D_0,D_1——截止频率点到原点的距离；

$D(u,v)$——点(u,v)到原点的距离，$D(u,v)=\sqrt{u^2+v^2}$。

5.5.3　同态滤波

同态滤波是把频域滤波和空域灰度变换结合起来的一种图像处理方法，它以图像的照度/反射率模型作为频域处理的基础，利用压缩亮度范围和增强对比度来改善图像的质量。这种方法可以使图像处理符合人眼对于亮度响应的非线性特性，避免了直接对图像进行傅里叶变换处理的失真。

一般来说，图像的边缘和噪声都对应于傅里叶变换的高频分量，而低频分量主要决定图像在平滑区域中总体灰度级的显示，故经过低通滤波处理的图像相比于原图像而言会少一些尖锐的细节部分；同样，经过高通滤波的图像在图像的平滑区域中将减少一些灰度级的变化并突出细节部分。因此，为了增强图像细节的同时尽量保留图像的低频分量，引入同态滤波，同态滤波可以在保留图像原貌的同时，对图像细节进行增强。在安防领域监控视频中有时会出现图像照明不均的问题，如果目标物体的灰度很暗，这样的图像灰度范围很大，无法辨认细节，如果采用线性灰度变换一般效果不大。若采用属于频域处理操作的同态滤波来解决上述问题则仅对图像较暗部分进行增强，其余部分依然保持原状。

一幅图像可看成由两部分组成，即

$$f(x,y)=i(x,y)r(x,y) \tag{5-56}$$

式中：$i(x,y)$——随空间位置不同的光强（Illumination）分量函数，其特点是缓慢变化，集中在图像的低频部分；

$r(x,y)$——景物反射到人眼的反射（Reflectance）分量函数，其特点是包含了景物各种信息，高频成分丰富。

同态滤波的基本原理是，将像素的灰度值看作是照度和反射率两个组分的产物，照度相对变化很小，可以看作是图像的低频成分，而反射率是高频成分，通过分别处理照度和反射率对像素的灰度值的影响，达到显示阴影区细节特征的目的。同态滤波分为以下5个基本步骤。

（1）对原图作对数变换，得到如下两个加性分量，即

$$\ln f(x,y)=\ln f_i(x,y)+\ln f_r(x,y) \tag{5-57}$$

（2）对数图像作傅里叶变换，得到其对应的频域表示为

$$\mathrm{DFT}[\ln f(x,y)]=\mathrm{DFT}[\ln f_i(x,y)]+\mathrm{DFT}[\ln f_r(x,y)] \tag{5-58}$$

（3）设计一个频域滤波器 $H(u,v)$，进行对数图像的频域滤波。

（4）傅里叶反变换，返回空域对数图像。

（5）取指数，得空域滤波结果。

综上，同态滤波的基本步骤如图5-25所示。

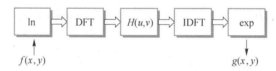

图5-25 同态滤波的基本步骤

式中：$f(x,y)$——原始图像；

$g(x,y)$——处理后的图像；

ln——对数运算；

DFT——傅里叶变换（实际操作中运用快速傅里叶变换FFT）；

IDFT——傅里叶反变换（实际常用快速傅里叶反变换IFFT代替）；

exp表示指数运算。

可以看出，同态滤波的关键在于频域滤波器 $H(u,v)$ 的设计。对于一幅光照不均匀的图像，同态滤波可同时实现亮度调整和对比度提升，从而改善图像质量。为了压制低频的亮度分量，增强高频的反射分量，频域滤波器 $H(u,v)$ 应是一个高通滤波器，但又不能完全消除低频分量，仅作适当压制。

因此，同态滤波器一般采用如下形式，即

$$H_{mo}(u,v)=(\gamma_H-\gamma_L)H_{hp}(u,v)+\gamma_L \tag{5-59}$$

其中，$\gamma_L<1$，$\gamma_H>1$，控制滤波器幅度的范围。$H_{hp}(u,v)$ 通常为高通滤波器，如高斯（Gaussian）高通滤波器、巴特沃斯（Butterworth）高通滤波器、Laplacian滤波器等。

如果 $H_{hp}(u,v)$ 采用 Gaussian 高通滤波器，则

$$H_{hp}(u,v)=1-\exp\{-c[D^2(u,v)/D_0^2]\} \tag{5-60}$$

其中，c 为一个常数，控制滤波器的形态，即从低频到高频过渡段的陡度（斜率），其值越大，斜坡带越陡峭，如图 5-26 所示。

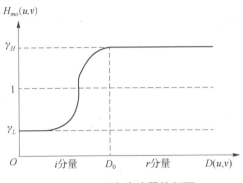

图 5-26　同态滤波器的剖面

同态滤波前后的效果对比如图 5-27 所示，由图可知，同态滤波方法可以在增强图像高频信息的同时保留部分低频信息，达到压缩图像灰度的动态范围，增强图像对比度的效果。

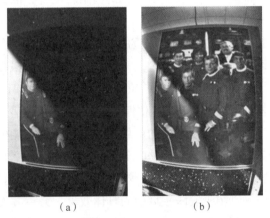

（a）　　　　　　　　（b）

图 5-27　同态滤波前后的效果对比（附彩插）

（a）原始图像；（b）同态滤波增强后的图像

5.6　图像增强技术应用与系统设计

以上详细介绍了图像增强技术的理论基础，如何将之应用于实践，设计出实用的图像处理系统是学习本章内容的主要目标。本节将通过图像增强技术在安防领域的应用这一具体案例来展示图像增强系统的设计思路与设计方法，为读者进行图像增强技术应用与系统设计提供参考。

5.6.1 图像增强应用概述

人类传递信息的主要媒介是语言和图像。据统计，在人类接收的各种信息中视觉信息占80%，所以图像是十分重要的信息传递媒体和方式。在实际应用中，每个部分都有可能导致图像品质变差，使图像传递的信息无法被正常读取和识别。例如，在采集图像过程中由于光照环境或物体表面反光等原因造成图像整体光照不均，或是图像采集系统在采集过程中由于机械设备的缘故无法避免地加入采集噪声，或是图像显示设备的局限性造成图像显示层次感降低或颜色减少等，这就需要图像增强技术来改善人的视觉效果，如突出图像中目标物体的某些特点，从数字图像中提取目标物的特征参数等。图像增强处理的主要内容是突出图像中感兴趣的部分，减弱或去除不需要的信息，使有用信息得到加强，从而得到一种更加实用的图像或更适合人或机器进行分析处理的图像。

随着当今世界科学技术的快速发展，视频监控技术的应用范围越来越广泛，特别是智慧城市、智慧交通、智慧园区、智慧楼宇的兴起，使得视频监控的应用范围进一步扩大。监控系统每时每刻都会产生大量的监控视频图像，然而并不是每一个监控系统产生的视频图像都是清晰的，它们会由于各种各样的原因产生模糊。例如，在监控系统采集图像的时候会由于硬件原因难免加入采集噪声，或由于外界光照等原因导致视频图像出现光照不均现象，或如雨雪、雾天等特殊天气也会影响图像的清晰程度等，因此需要用到图像增强技术来促进安防领域的进一步发展。

本节以"图像增强技术在安防领域中的应用"的设计与实现为例，从设计的角度讨论各模块实现的功能以及设计这些模块的思想，一方面，将图像增强基本知识应用于当今社会急需解决的问题，便于读者更具体、更形象地理解图像增强知识的实际运用；另一方面，通过"图像增强技术在安防领域中的应用"这一实例，使读者了解并掌握系统设计与实现的过程。图像增强技术在安防领域中的应用主要包括两大功能模块，分别是空域图像增强模块以及图像去雾与光照不足处理模块，其具体架构如图5-28所示，在下面的章节中将对这两大功能模块展开详细介绍。"图像增强技术在安防领域中的应用"的具体实现一方面展示了图像增强技术应用于安防领域中的具体效果，另一方面，不同功能的系统有不同的实现模块，需具体问题具体分析，但该部分的设计实现思路可供参考与借阅。

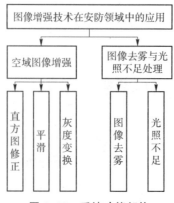

图5-28　系统功能架构

5.6.2　空域图像增强模块

结合安防领域中的监控视频图像容易出现的问题寻找了 3 种不同类型的空域图像增强算法，分别是直方图修正、平滑和灰度变换，在以下内容中将对这 3 个部分展开详细介绍。空域图像增强模块的架构如图 5-29 所示。

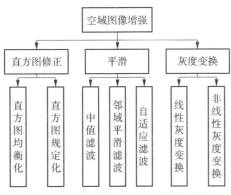

图 5-29　空域图像增强模块的架构

5.6.2.1　直方图修正

1）直方图均衡化

通过调用 MATLAB 中的 histeq 函数实现直方图均衡化操作，对图像进行直方图均衡化前后的效果对比如图 5-30 所示，由图可知，原图像画面昏暗不清晰，经直方图均衡化后，图像亮度增加，能够基本看清楚画面中的内容。

（a）　　　　　　　　　　　　（b）

图 5-30　直方图均衡化前后的效果对比（附彩插）

（a）原始图像；（b）直方图均衡化后的图像

2）直方图规定化

与直方图均衡化类似，通过调用 MATLAB 中的 histeq 函数同样能够实现直方图规定化。对图像进行直方图规定化前后的效果对比如图 5-31 所示，由图可知，原图像中一片灰蒙蒙，人眼无法从图像中获得有价值的信息，经直方图规定化后得到的图像相比原图像而言，可基本清楚图像表达的内容，图像的视觉质量有了明显提升。

（a） （b）

图 5-31　直方图规定化前后的效果对比（附彩插）

（a）原始图像；（b）直方图规定化后的图像

5.6.2.2　平滑

1）中值滤波

通过调用 MATLAB 中的 medfilt2 函数对图像进行中值滤波操作，图像中值滤波前后的效果对比如图 5-32 所示，由图可知，中值滤波消除了图像中存在的噪声，起到了图像增强的作用。

（a） （b）

图 5-32　中值滤波前后的效果对比

（a）原始图像；（b）中值滤波后的图像

2）邻域平滑滤波

通过调用 MATLAB 中的 filter2 函数对图像进行邻域平滑滤波操作，图像邻域平滑滤波前后的效果对比如图 5-33 所示，由图可知，邻域平滑滤波基本消除了图像中原本存在的噪声，使得图像观感更加舒适，但缺点是邻域平滑滤波后的图像的分辨率有所下降，在实际应用中应"取其精华，去其糟粕"，将邻域平滑滤波应用于合适的场合。

3）自适应滤波

通过调用 MATLAB 中的 wiener2 函数对图像进行自适应滤波操作，图像自适应滤波前后的效果对比如图 5-34 所示，由图可知，自适应滤波针对原图像中密集存在的高斯噪声有很好的消除效果，虽然经自适应滤波后的图像分辨率仍然不是很高，但相比原始图像，其清晰度有了明显的改善。

（a）　　　　　　　　　　　（b）

图 5-33　邻域平滑滤波前后的效果对比

（a）原始图像；（b）邻域平滑滤波后的图像

（a）　　　　　　　　　　　（b）

图 5-34　自适应滤波前后的效果对比

（a）原始图像；（b）自适应滤波后的图像

5.6.2.3　灰度变换

1）线性灰度变换

图像的线性灰度变换就是通过建立灰度映射来调整源图像的灰度从而使用户满意。图像线性灰度变换前后的效果对比如图 5-35 所示，由图可知，经线性灰度变换后的图像更适合人眼观看，图像的视觉效果更胜一筹。

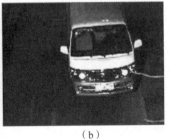

（a）　　　　　　　　　　　（b）

图 5-35　线性灰度变换前后的效果对比（附彩插）

（a）原始图像；（b）线性灰度变换后的图像

2）非线性灰度变换

与线性灰度变换类似，图像的非线性灰度变换同样是通过建立某种灰度映射来调整源图像的灰度的过程。图像非线性灰度变换前后的效果对比如图 5-36 所示，由图可知，经非线性灰度变换后的图像不再处于完全的黑暗当中，可以较清晰地看到图像中目标的外观样貌。

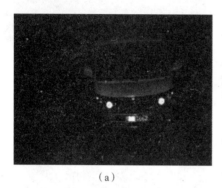 

（a）   （b）

图 5-36 非线性灰度变换前后的效果对比

（a）原始图像；（b）非线性灰度变换后的图像

5.6.3 图像去雾与光照不足处理

5.6.3.1 图像去雾

电子监控在生活中愈发普及，然而空气中的液滴和固体小颗粒大量悬浮于空气中，使大气能见度下降，户外图像颜色和对比度退化，造成监控图像模糊，影响后期监控画面的利用价值。此处选取了直方图均衡化和 Retinex 算法对雾天图像进行增强处理，下面进行详细介绍。

1）直方图均衡化

通过观察受到雾天影响的监控视频图像的直方图，可以发现它的灰度级基本集中在一个比较狭小的范围内，这就导致人眼无法直接识别雾天图像的具体细节。直方图均衡化操作可以通过使用累积分布函数将待处理图像直方图的灰度级范围进一步拉大，从而使处理后图像的直方图灰度级分布趋于均匀化，对比度上升，达到图像增强的目的，因此直方图均衡化恰好可以解决雾气影响图像质量的问题。原图像与直方图均衡化后得到的图像的效果对比如图 5-37（a）（b）所示，由图可知，经直方图均衡化后的图像相比原图像而言，图像质量有了一定程度的提高，但经过直方图均衡化后的雾天图像会出现视觉失真的现象，因此在进行图像去雾时需根据其使用场景判断是否使用直方图均衡化方法进行图像去雾操作。

2）Retinex 算法

Retinex 算法进行图像去雾处理的步骤如下。首先将输入的 RGB 彩色图像放置在 HSI

彩色模型空间中进行处理，提取亮度 I 分量，对 I 分量进行图像增强，再转换回 RGB 空间进行合成。

结合物理学中的光学原理可知，人之所以能够看见物体是因为物体反射的光线进入了人的眼睛，由此可以推断物体成像的亮度与入射光线和反射光线的强弱有着密不可分的联系。因此，把所获得的监控视频图像分解为光照分量与反射分量，且将监控视频图像中每一像素点的光照分量乘以它所对应的反射分量就可以得到该像素点的像素值，具体公式为

$$S(x,y)=I(x,y)R(x,y) \tag{5-61}$$

式中：$S(x,y)$——采集到的雾天图像；

$I(x,y)$——输入图像的入射分量，对应图像的低频部分，反映图像的边缘细节信息；

$R(x,y)$——输入图像的反射分量，代表图像的内在本质特性，对应图像的高频部分，反映图像的大多数局部细节信息与所有噪声。

本次实验借助 MATLAB 开发平台对上述两种算法进行实现，并统一对比，如图 5-37 所示，由图可知，直方图均衡化后的结果图像颜色失真较为明显，但对比度和亮度都良好，能够较好地处理受到雾天影响的监控视频图像；Retinex 算法去雾后得到的图像中的物体的颜色更真实，细节处也更清晰，但是灰度值比较大的部分即图中天空的部分改善效果不佳，因为 Retinex 算法对高光区域较低光区域敏感度低，所以该区域的细节处理无法达到应有的效果。

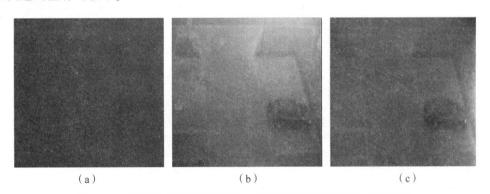

（a）　　　　　　　　　　（b）　　　　　　　　　　（c）

图 5-37　图像直方图均衡化前后、去雾前后的效果对比（附彩插）

（a）原始图像；（b）直方图均衡化后的图像；（c）Retinex 算法去雾后的图像

5.6.3.2　光照不足图像处理

与雾天对安防监控视频图像的影响相似，由于光线不足所导致的监控视频图像也存在细节丢失、对比度低等一系列问题，被干扰后的图像往往使人眼难以识别，非常影响视觉效果。为了解决此类问题，使用和图像去雾操作同样的图像处理方法对监控视频中光照不足的照片进行图像增强处理，图 5-38 是用两种方法对光照不足的图像处理前后的效果对

比，由图可知，直方图均衡化和 Retinex 算法作用于低照度图像与作用于雾天图像得到的结果有所区别，在对低照度图像的处理中，直方图均衡化操作对图像中道路区域的增强效果比 Retinex 算法更好，但 Retinex 算法对远处房屋的增强效果要略微优于直方图均衡化，由此可见，不同算法各有优劣，只是适用场景不同，灵活选择即可。

 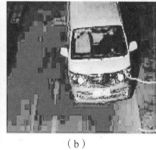 

（a） （b） （c）

图 5-38　低照度图像增强前后的效果对比（附彩插）

（a）原始图像；（b）直方图均衡化后的图像；（c）Retinex 低照度图像增强后的图像

5.6.4　图像增强应用拓展

目前，图像增强技术已经应用到越来越多的领域，如遥感、生物医学、安防等，其为提高我国经济总量做出的贡献也越来越突出，图像增强可以突出图像中感兴趣的部分，减弱或去除不需要的信息，使有用信息得到加强，从而得到一种更加实用的图像或更适合人或机器进行分析处理的图像，其研究意义非比寻常。本节以图像增强技术在安防领域中的应用这一案例进行详细解析，对于类似系统，可参照此案例设计并实现。

5.7　习题

选择

1. 中值滤波器可以（　　）。

A. 消除孤立噪声　　　　　　　　　　B. 检测出边缘

C. 进行模糊图像恢复　　　　　　　　D. 模糊图像细节

2. 伪彩色增强和假彩色增强是两种不同的色彩增强处理方法，下面属于伪彩色增强的是（　　）。

A. 将景象中的蓝天变为红色，绿草变为蓝色

B. 用自然色复制多光谱的景象

C. 将灰度图经频域高通/低通后的信号分别送入红/蓝颜色显示控制通道

D. 将红、绿、蓝彩色信号分别送入红、绿、蓝颜色显示控制通道

3. 使用同态滤波方法进行图像增强时，不包含以下（　　）过程。

A. 通过对图像取对数，将图像模型中的入射分量与反射分量的乘积项分开

B. 将对数图像通过傅里叶变换到频域，在频域选择合适的滤波函数，进行减弱低频加强高频的滤波

C. 计算图像中各个灰度值的累积分布概率

D. 对滤波结果进行傅里叶反变换和对数逆运算

填空

数字图像处理包含很多方面的研究内容，其中_____的目的是将一幅图像中有用的信息进行增强，同时将无用的信息进行抑制，提高图像的可观察性。

判断

1. 一幅图像经过直方图均衡化处理后，其对比度一定比原始图像的对比度高。（　　）

2. 一般来说，直方图均衡化处理对于灰度分布比较集中的图像的处理效果比较明显。（　　）

3. 一般来说，直方图均衡化处理对于灰度分布比较均衡的图像的处理效果比较明显。（　　）

简答

1. 什么是灰度直方图？灰度直方图可以分为哪几类？

2. 什么是灰度变换？灰度变换可以增强对比度吗？为什么？

3. 根据图像处理的运算特点，图像在空域上的处理运算可以分为哪几类？

4. 简述直方图均衡化和直方图规定化的概念。

5. 简述中值滤波和均值滤波的概念，二者进行滤波的原理是什么？

6. 设某个图像为 $\begin{bmatrix} 3 & 6 & 10 & 10 \\ 2 & 1 & 8 & 8 \\ 1 & 0 & 7 & 8 \\ 1 & 1 & 8 & 8 \end{bmatrix}$，请对该图像进行直方图均衡化处理，写出过程和结果。

7. 图 5-39 是人的脊椎骨折的核磁共振图像，在胸椎垂直中心附近，即图的中上部，骨折清晰可见，而其他部位由于图的背景较暗，靠近背景的细节很难识别，请问通过什么样的操作可以使得图像主体细节都能够清晰地显现出来？

图 5-39 人的脊椎骨折的核磁共振图像

8. 假定有一幅总像素为 $n = 64 \times 64$ 的图像，灰度级数为 8，各灰度级分布为 {760，1 056，830，716，260，271，122，81}。试对该图像进行直方图均衡化，并写出均衡化过程，分别画出均衡化前与均衡化后的直方图。若在原图像一行上连续 8 个像素的灰度值分别为 0、1、2、3、4、5、6、7，则均衡化后，它们的灰度值为多少？

9. 给定图 5-40 所示的原始图像，采用 3×3 均值滤波器滤波，画出滤波后的图像（滤波后的图像保持原始大小），并给出边缘图像采用的方法。

14	11	21	16	20
24	32	64	32	24
25	26	40	32	30
32	30	33	30	32
11	33	22	11	22

图 5-40 原始图像

第6章

图像复原

图像在形成、处理和传输过程中，由于成像系统、处理方法和传输介质的不完善，导致图像质量下降，称为图像退化。而图像复原则是对图像退化的过程建立模型，然后通过图像退化的逆过程对图像进行处理，提高图像质量，该处理过程称为图像复原。本章将从图像复原基础知识、图像退化、图像复原方法、几何失真校正4个方面展开对图像复原部分的讲述，并以"文物图像复原系统"的设计与实现为例阐述图像复原技术的应用与系统设计，加深读者对图像复原的认识。本章的内容框架图如图6-1所示。

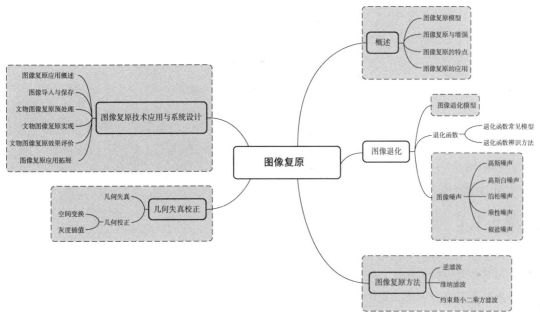

图6-1 内容框架图

学习目标：理解图像退化复原过程的模型；了解退化函数和图像噪声；了解逆滤波、维纳滤波及约束最小二乘方滤波的图像复原方法；了解几何失真校正；掌握图像复原的应用。

　　学习重点：了解逆滤波和维纳滤波，并掌握其应用过程；掌握几何失真校正的应用；能将图像复原知识加以应用。

　　学习难点：图像退化复原模型的理解；逆滤波和维纳滤波的理解与应用。

6.1　概述

　　图像复原技术是针对成像过程中的"退化"而提出来的，而成像过程中的"退化"现象主要指成像系统受到各种因素的影响，诸如成像系统的散焦、设备与物体间存在相对运动或者是器材的固有缺陷等，导致图像的质量不能够达到理想要求的现象。图像复原可以看作图像退化的逆过程，是将图像退化的过程加以估计，建立退化的数学模型后，补偿退化过程造成的失真的一种技术。也就是说，图像复原是一个客观的过程，主要针对质量降低或失真的图像，试图使其恢复其原始的内容或质量的技术。

6.1.1　图像复原模型

　　根据图像降质过程的某些先验知识，建立退化数学模型，运用和退化相反的过程，即复原滤波恢复图像，也就是说，根据图 6-2 所示的图像退化/复原过程的模型对退化图像进行复原。

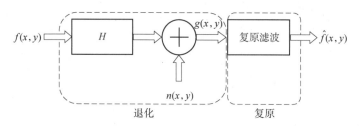

图 6-2　图像退化/复原过程的模型

　　图 6-2 中的 $f(x,y)$ 表示一幅输入图像，$g(x,y)$ 是 $f(x,y)$ 产生的一幅退化图像，H 表示退化函数，$n(x,y)$ 表示外加噪声。图像复原的根本就在于，在给定 $g(x,y)$，H 和 $n(x,y)$ 的情况下，如何获得关于原始图像的近似估计 $\hat{f}(x,y)$。6.2 节和 6.3 节分别对图像退化和图像复原方法展开详细阐述。

6.1.2　图像复原与增强

　　图像的复原和图像的增强存在类似的地方，两种方法都是用于提高图像的整体质量。但是，与图像复原技术相比，图像增强技术重在对比度的拉伸，其主要目的在于根据观看者的喜好来对图像进行处理，提供给观看者乐于接受的图像；而图像复原技术则是通过"去模糊函数"去除图像中的模糊部分，还原图像的本真，其主要采用的方式是以退化图像的某种所谓的先验知识来对已退化图像进行修复或者是重建。在图像退化已知的情况下，图像退化的逆过程是有可能进行的，但实际情况经常是对退化过程并不知晓，这种复原称为盲目复原。图像模糊的同时，噪声和干扰也会同时存在，这也为复原带来了困难和不确定性。

6.1.3　图像复原的特点

本书提及的图像复原指通过计算机对图像进行一系列的仿真处理得到理想效果的过程，有以下特点。

（1）图像复原的过程具有较好的稳定性。整个图像复原过程中，不会出现因各种处理而让图像变差的情况，能一直保持图像的状态。

（2）图像复原后的图像评价具有主观性。虽然存在客观的评价方式，但是处理后的图像一般会经过人的观察，而人有着非常复杂的视觉神经，且还会受到外界环境的干扰，所以复原后的图像评价具有主观性。

（3）图像复原信息处理量大且基本都是二维信息。

（4）图像复原处理的图像信息源范围广，图像可以是可见光、波谱、遥感等图像，因为这些图像可以变换为计算机可处理的数字编码形式。

6.1.4　图像复原的应用

图像复原技术的应用范围已经扩展到了众多的科学和技术领域，如空间探索、天文观测、物质研究、遥感测绘、军事公安、医学影像、交通监控、刑事侦查等。

（1）在天文成像和遥感等领域中，地面上的成像系统由于受到射线及大气的影响，会造成图像的退化；在太空中的成像系统，由于宇宙飞船的速度远远快于相机快门的速度，也会造成运动模糊；此外，噪声的影响也不可忽略。因此，必须对所得到的图像进行处理才会尽可能恢复其本来面目，提取更多的有用信息。

（2）在医学领域，图像复原技术广泛应用于 X 光、CT 等成像系统，用来抑制各种医学成像系统或图像获取系统的噪声，改善医学图像的分辨率。

（3）在军事公安领域，如巡航导弹地形识别，测试雷达的地形侦察，指纹自动识别，手迹、人像、印章的鉴定识别，过期档案文字的识别等，都与图像复原技术密不可分。

（4）在图像及视频编码领域，随着提高编码效率、降低编码图像码率的技术的发展，一些人为图像缺陷，如方块效应等，成为明显的问题；在移动视频通信中，由于带宽的限制，压缩率较高，若解压缩后不经处理，也会存在非常明显的方块效应。一些简单的图像增强处理并不能从根本上消除方块效应，因此必须借助于图像复原技术。

6.2　图像退化

6.2.1　图像退化模型

成像过程中的"退化"是指由于成像系统各种因素的影响，使得图像质量降低并失去其本应该有的信息或价值。其中，引起图像退化的原因包括成像系统的散焦、成像设备与物体的相对运动、成像器材的固有缺陷以及外部干扰等。

图像的退化过程可被模型化为 1 个作用在输入图像 $f(x,y)$ 上的退化函数 H 与 1 个加性

噪声 $n(x,y)$ 的联合作用导致产生退化图像 $g(x,y)$ 的过程，如图 6-2 的"退化部分"所示。根据这个模型复原图像就是要在给定 $g(x,y)$，H 和 $n(x,y)$ 的情况下，得到对 $f(x,y)$ 的某个近似的过程。当图像退化是一个具备线性特性、位置不变性的过程时，退化图像可以表示为

$$g(x,y)=h(x,y)*f(x,y)+n(x,y) \qquad (6-1)$$

式中：$h(x,y)$——退化函数的空间描述；

$*$——卷积。

上式表达的含义就是用退化函数的空间描述与原始图像进行卷积，再在此基础上加上噪声，即可得到退化后的图像描述。式（6-1）对应的频域关系表达式为

$$G(u,v)=F(u,v)H(u,v)+N(u,v) \qquad (6-2)$$

在频域上分析时，退化图像的傅里叶变换 $G(u,v)$ 等于原始图像的傅里叶变换 $F(u,v)$ 与退化系统的频率响应 $H(u,v)$ 相乘，再加上噪声信号的傅里叶变换 $N(u,v)$。

6.2.2 退化函数

6.2.2.1 退化函数常见模型

退化函数 $h(m,n)$ 又被称为点扩展函数或降晰函数，能够反映图像质量的退化，退化函数非常复杂，但为了处理简单，一般考虑用线性近似。在了解退化函数时，有以下先验知识可供利用。

（1）$h(m,n)$ 具有确定性且非负。

（2）$h(m,n)$ 具有有限支持域。

（3）退化过程并不损失图像的能量，即 $\sum_m \sum_n h(m,n)=1$。

现实生活中，造成图像退化的种类很多，常见的退化函数有如下情形。

1）线性移动退化

线性移动退化是由于目标与成像系统间的相对匀速直线运动造成的退化。水平方向的均匀移动退化可以用以下退化函数来描述，即

$$h(m,n)=\begin{cases} \dfrac{1}{d}, & 0\leq m\leq d \text{ 且 } n=0 \\ 0, & m<0 \text{ 或 } m>d \text{ 或 } n\neq0 \end{cases} \qquad (6-3)$$

式中：d——退化函数的长度[①]。

实际情况中，对于线性移动为其他方向的情况，也可以用类似的方法进行定义。

2）高斯退化

高斯退化函数是许多光学测量系统和成像系统最常见的退化函数。在这些系统中，影响退化函数的因素比较多，众多因素的综合使得退化函数趋向于高斯型分布。高斯退化函数的数学表达式为

$$h(m,n)=\begin{cases} Ke^{[-\alpha(m^2+n^2)]}, & (m,n)\in C \\ 0, & (m,n)\notin C \end{cases} \qquad (6-4)$$

---

① 退化函数的长度：目标与成像系统间相对匀速直线运动的单位运动长度数值。

式中：K——归一化常数；

α——一个正常数；

C——$h(m,n)$的圆形支持域①。

3）散焦退化

在摄影中，镜头散焦时，光学系统造成的图像退化相应的退化函数是一个均匀分布的圆形光斑。此时，散焦退化的函数表达式为

$$h(m,n)=\begin{cases}\dfrac{1}{\pi R^2}, & m^2+n^2\leqslant R^2 \\ 0, & m^2+n^2>R^2\end{cases} \tag{6-5}$$

式中：R——散焦斑的半径。

在信噪比较高的情况下，在频域图上可以观察到圆形的轨迹。

6.2.2.2 退化函数辨识方法

在图像复原过程中，需要对用到的退化函数进行辨识，由于图像退化是一个物理过程，因此许多情况下的退化函数可以从物理知识和图像观测中辨识出来。下面介绍常用的3种退化函数辨识方法，分别是图像观察法、实验估计法和数学建模法。

1）图像观察法

如果我们已知退化图像，那么辨识其退化函数的一个方法就是从收集图像自身的信息着手。例如，对于一幅模糊图像，应首先提取包含简单结构的一小部分图像，为减少观察时噪声的影响，通常选取信号较强的内容区；然后根据这部分的图像中目标和背景的灰度级，构建一幅不模糊的图像，该图像与观察到的子图像应具有相同的大小和特性。

于是，定义观察到的子图像为$g_s(m,n)$，$\hat{f}_s(m,n)$为构建的子图像，因为提取的是信号较强的内容区，所以假设噪声可以忽略，可得

$$H_s(u,v)=\frac{G_s(u,v)}{\hat{F}_s(u,v)} \tag{6-6}$$

式中：$H_s(u,v)$——子图像退化系统的频率响应；

$G_s(u,v)$——观察到的子图像的傅里叶变换；

$\hat{F}_s(u,v)$——构建的子图像的傅里叶变换。

假定系统为位移不变的，从这一函数特性我们可以推出针对整幅图像的$H(u,v)$，它必然是与$H_s(u,v)$具有相同的形状的。

2）实验估计法

我们可以使用与获取退化图像的设备相似的设备，那么利用相同的系统设置，就可以由成像一个脉冲（小亮点）得到退化函数的冲激响应。值得注意的是，这个亮点必须尽可能地亮，以达到减少噪声干扰的目的，这样由于冲激响应的傅里叶变换是一个常量，则有

$$H(u,v)=\frac{G(u,v)}{A} \tag{6-7}$$

---

① 圆形支持域：C是可将所有(m,n)点包括进去的最小圆形区域。

式中：$H(u,v)$——退化系统的频率响应；

$G(u,v)$——观察图像的傅里叶变换；

A——常量，冲激强度。

3）数学建模法

在图像退化的多年研究中，对一些退化环境已经建立了数学模型，这其中有利用其退化的物理环境来建立退化模型的，如基于大气湍流物理特性的退化模型，即

$$H(u,v) = e^{-k(u^2+v^2)^{5/6}} \tag{6-8}$$

式中：k——与湍流性质有关的常数。

数学建模的另一类方法就是根据退化原理进行推导来获得退化模型。以图像与传感器之间的均匀线性运动造成的退化为例，假设图像 $f(x,y)$ 进行平面运动，$x_0(t)$ 和 $y_0(t)$ 分别表示 x 和 y 方向上随时间变化的运动参数，设 T 为曝光时间，则模糊图像 $g(x,y)$ 可以表示为

$$g(x,y) = \int_0^T f[x - x_0(t), y - y_0(t)]\mathrm{d}t \tag{6-9}$$

对应的傅里叶变换为

$$
\begin{aligned}
G(u,v) &= \int_{-\infty}^{\infty} \int_{-\infty}^{\infty} g(x,y) e^{-j2\pi(ux+vy)} \mathrm{d}x\mathrm{d}y \\
&= \int_{-\infty}^{\infty} \int_{-\infty}^{\infty} \left[\int_0^T f[x - x_0(t), y - y_0(t)]\mathrm{d}t\right] e^{-j2\pi(ux+vy)} \mathrm{d}x\mathrm{d}y
\end{aligned} \tag{6-10}
$$

通过改变积分顺序，上式可表示为

$$
\begin{aligned}
G(u,v) &= \int_0^T \left[\int_{-\infty}^{\infty} \int_{-\infty}^{\infty} f[x - x_0(t), y - y_0(t)] e^{-j2\pi(ux+vy)} \mathrm{d}x\mathrm{d}y\right]\mathrm{d}t \\
&= \int_0^T F(u,v) e^{-j2\pi[ux_0(t)+vy_0(t)]} \mathrm{d}t \\
&= F(u,v) \int_0^T e^{-j2\pi[ux_0(t)+vy_0(t)]} \mathrm{d}t
\end{aligned} \tag{6-11}
$$

令

$$H(u,v) = \int_0^T e^{-j2\pi[ux_0(t)+vy_0(t)]} \mathrm{d}t \tag{6-12}$$

则

$$G(u,v) = H(u,v)F(u,v) \tag{6-13}$$

假设图像沿着 x 方向以 $x_0(t) = at/T$ 的速度做匀速直线运动，$y_0(t) = 0$，可得

$$
\begin{aligned}
H(u,v) &= \int_0^T e^{-j2\pi ux_0(t)} \mathrm{d}t = \int_0^T e^{-j2\pi uat/T} \mathrm{d}t \\
&= \frac{T}{\pi ua} \sin(\pi ua) e^{-j\pi ua}
\end{aligned} \tag{6-14}
$$

同样，在二维方向上的匀速直线运动的退化函数也可以表示出来，假设 $y_0(t) = bt/T$，则

$$H(u,v) = \frac{T}{\pi(ua+vb)} \sin[\pi(ua+vb)] e^{-j\pi(ua+vb)} \tag{6-15}$$

6.2.3 图像噪声

噪声在图像上常表现为引起较强视觉效果的孤立像素点或像素块，一般噪声信号与要

研究的对象不相关，它以无用的信息形式出现，扰乱图像的可观测信息，通俗地说就是噪声让图像不清楚。

数字图像的噪声主要来源于两个方面，一是来源于图像的获取过程中，会受到图像传感器的质量和环境的影响。两种常用类型的图像传感器分别是 CCD 和 CMOS，在采集图像的过程中，由于受传感器材料属性、工作环境、电子元器件和电路结构等的影响，会引入各种噪声，如电阻引起的热噪声、场效应管的沟道热噪声、光子噪声、暗电流噪声、光响应非均匀性噪声等。二是来源于图像信号传输过程中，如通过无线网络传输的图像会受到光或其他大气因素的干扰。由于传输介质和记录设备等的不完善，数字图像在其传输记录过程中往往会受到多种噪声的污染。另外，在图像处理的某些环节，当输入的对象并不如预想时也会在结果图像中引入噪声。

图像常见噪声基本上有 4 种，分别是高斯噪声、泊松噪声、乘性噪声和椒盐噪声，下面对这些噪声展开详细介绍。

6.2.3.1　高斯噪声

高斯噪声，顾名思义是指概率密度函数服从高斯分布（正态分布）的一类噪声，通常是因为不良照明和高温引起的传感器噪声。高斯噪声的概率密度函数为

$$p(z) = \frac{1}{\sqrt{2\pi}\sigma}e^{-(z-\mu)2/2\sigma^2} \tag{6-16}$$

式中：z——灰度值，z 的值有 70% 落在 $[(\mu-\sigma),(\mu+\sigma)]$ 范围内，有 95% 落在 $[(\mu-2\sigma),(\mu+2\sigma)]$ 范围内；

μ——z 的平均值或期望值；

σ——z 的标准差，标准差的平方为 z 的方差；

$p(z)$ ——图像中灰度值为 z 的噪声点出现的频率。

添加高斯噪声前后的效果对比如图 6-3 所示。由图可知，通常在 RGB 图像中，高斯噪声显现更加明显。

（a）　　　　　　　（b）　　　　　　　（c）　　　　　　　（d）

图 6-3　添加高斯噪声前后的效果对比（附彩插）

（a）RGB 原图；（b）添加高斯噪声后的 RGB 图像；

（c）灰度图原图；（d）添加高斯噪声后的灰度图

6.2.3.2　高斯白噪声

如果一个噪声，它的幅度分布服从高斯分布，而它的功率谱密度又是均匀分布的，则称为高斯白噪声，高斯白噪声的二阶矩不相关，一阶矩为常数，即先后信号在时间上具有相关性。

（1）白噪声在功率谱上（以频率为横轴，信号幅度的平方为功率）趋近为常值，也就是说这种噪声频率丰富，在整个频谱上都有成分，即从低频到高频的波都存在（低频指的是信号不变或缓慢变化，高频指的是信号突变）。高斯白噪声的功率谱密度服从均匀分布，利用 MATLAB 验证高斯白噪声的程序如下，实验结果如图 6-4 所示。

```
noise = wgn(1000,1,0);          %生成 1000* 1 个高斯白噪声,功率为 0 W
y1 = fft(noise,1000);           %采样点个数 1000 个
p1=y1. * conj(y1);              %功率(幅值为 abs(y1))
ff=0:499;
stem(ff,p1(1:500));             %只显示一半值
xlabel("频率");
ylabel("功率");
title("功率谱");
```

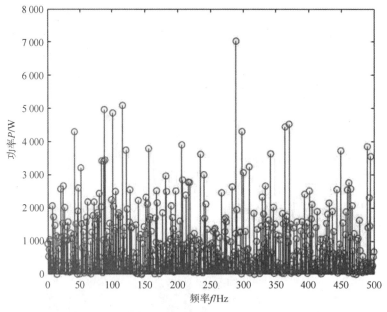

图 6-4　高斯白噪声的功率谱密度

由图 6-4 可以看出，高斯白噪声的功率谱密度服从均匀分布。

（2）高斯白噪声具有相关性：某一时刻的噪声点都与其他时刻的噪声幅值有关。例如，此时刻的噪声幅值比上一时刻的大，而下一时刻的噪声幅值比此时刻的还大，即信号的幅值在时间轴上按从小到大的顺序排列。除此之外，幅值从大到小，或幅值一大一小等都称为"相关"，而非"随机"。

（3）从概率密度角度来说，高斯白噪声的幅度分布服从高斯分布，严格来说是高斯白

噪声的瞬时值服从高斯分布。

6.2.3.3　泊松噪声

泊松噪声也称为散粒噪声，就是符合泊松分布的噪声模型，泊松分布适合描述单位时间内随机事件发生的次数的概率分布。例如，某一服务设施在一定时间内收到的服务请求的次数、电话交换机接到呼叫的次数、汽车站台的候客人数、机器出现的故障数、自然灾害发生的次数、DNA 序列的变异数、放射性原子核的衰变数等。

泊松噪声存在是因为光由离散的光子构成，即光的粒子性。光源发出的光子打在 CMOS 上，从而形成一个可见的光点，现在忽略光学元件和电路等，简化图如图 6-5 所示。光源每秒发射的光子到达 CMOS 的越多，则该像素的灰度值越大。但是，因为光源发射和 CMOS 接收之间都有可能存在一些因素导致单个光子并没有被 CMOS 接收到或者某一时间段内发射的光子特别多，所以这就导致了灰度值会有波动，也就是所谓的泊松噪声。

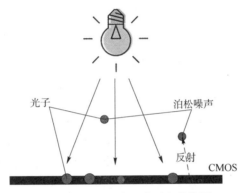

图 6-5　泊松噪声形成过程简化图

在光源强度比较低的时候，如设定光强为每秒 5 个光子，那么 CMOS 每秒实际接收到的光子数为 0～10，当然也可能会更多，但是概率几乎为 0 了，所以噪声最大为 5。当光源强度比较高的时候，如每秒 10 000 个光子，那么 CMOS 每秒实际接收到的光子就可能为 7 000～13 000（粗略的数字），所以噪声最大为 3 000。从这个例子可知，光源强度越高，噪声越大，这是泊松噪声的一个特点。

如图 6-6 所示，高斯噪声是与光强没有关系的噪声，无论光强是多少，噪声的平均水平（一般是 0）不变；而泊松噪声，会随着光强的增大，平均噪声也增大。

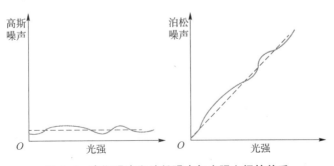

图 6-6　高斯噪声和泊松噪声与光强之间的关系

泊松分布满足以下条件。

（1）时间越长，事件发生的可能越大，且不同时间内发生该事件的概率相互独立。

（2）对于非常短的一段时间 Δt 来说，事件发生的可能性为 $P(t,t+\Delta t) = \lambda\Delta t + o(\Delta t)$。其中，$P(t,t+\Delta t)$ 表示在 Δt 时间内事件发生的概率；λ 为一个参数，代表单位时间（或单位面积）内随机事件的平均发生次数；$o(\Delta t)$ 为高阶无穷小。

（3）对于非常短的一段时间来说，出现该事件两次的概率几乎为 0。

（4）事件发生的次数符合概率分布：$P(X=k) = \dfrac{\lambda^k}{k!}e^{-\lambda}(k=0,1,2,\cdots)$。其中，$X$ 代表某一事件，k 代表事件发生的次数，$P(X=k)$ 代表该事件发生 k 次的概率，参数 λ 是单位时间（或单位面积）内随机事件的平均发生次数。

对应到我们的光源成像在 CMOS 上面的事件则很明显：时间越长，有一个光子被 CMOS 接收到这个事件发生的可能性就越大，在非常短的时间内同时收到两个光子的可能性为零，经过一一对应，可发现泊松噪声是符合泊松分布的。

添加泊松噪声前后的效果对比如图 6-7 所示。由图 6-3 和图 6-7 的对比可知，添加高斯噪声的图像比添加泊松噪声的图像更加模糊。

|（a）|（b）|（c）|（d）|

图 6-7 添加泊松噪声前后的效果对比（附彩插）

（a）RGB 原图；（b）添加泊松噪声后的 RGB 图像；（c）灰度图原图；（d）添加泊松噪声后的灰度图

6.2.3.4 乘性噪声

乘性噪声是信道（信道即通信的通道，是信号传输的媒介）特性随机变化引起的噪声，它主要表现在无线电通信传输信道中。例如，电离层和对流层的随机变化引起信号不反应任何消息含义的随机变化，而构成对信号的干扰。乘性噪声只有在信号出现在上述信道中时才表现出来，它不会主动对信号形成干扰。乘性噪声普遍存在于现实世界的图像应用当中，如合成孔径雷达、超声波、激光等相干图像系统当中。添加乘性噪声前后的效果对比如图 6-8 所示，由图可知，添加乘性噪声时设置的方差越大，图像中噪声越多，图像退化越严重。

6.2.3.5 椒盐噪声

椒盐噪声也称为脉冲噪声，是图像中经常见到的一种噪声，它是一种随机出现的白

（a）　　　　　　（b）　　　　　　（c）　　　　　　（d）

图 6-8　添加乘性噪声前后的效果对比（附彩插）

（a）RGB 原图；（b）添加方差默认值的乘性噪声后的 RGB 图像；

（c）添加方差为 0.2 的乘性噪声后的 RGB 图像；（d）添加方差为 10 的乘性噪声后的 RGB 图像

点或者黑点，可能是亮的区域有黑色像素或是暗的区域有白色像素，或是两者皆有。椒盐噪声的成因可能是影像信号受到突如其来的强烈干扰，类比数位转换器或位元传输错误等。例如，失效的感应器导致像素值为最小值，饱和的感应器导致像素值为最大值。添加椒盐噪声前后的效果对比如图 6-9 所示，由图可知，噪声密度 d 越大，对图像的影响也就越大。

（a）　　　　　　（b）　　　　　　（c）　　　　　　（d）

图 6-9　添加椒盐噪声前后的效果对比（附彩插）

（a）RGB 原图；（b）添加密度 $d=0.05$ 的椒盐噪声后的 RGB 图像；

（c）添加密度 $d=0.2$ 的椒盐噪声后的 RGB 图像；（d）添加密度 $d=0.5$ 的椒盐噪声后的 RGB 图像

6.3　图像复原方法

图像复原方法主要包括逆滤波、维纳滤波和约束最小二乘方滤波，下面对这 3 种图像复原方法展开详细介绍。

📠 6.3.1 逆滤波

图像退化在频域的关系表达式为 $G(u,v) = F(u,v)H(u,v) + N(u,v)$，若图像退化过程中没有噪声的影响，那么图像退化的频域关系表达式变为 $G(u,v) = F(u,v)H(u,v)$，那么 $\hat{F}(u,v) = \dfrac{G(u,v)}{H(u,v)}$。其中，$G(u,v)$ 为退化图像的傅里叶变换，$F(u,v)$ 为原始图像的傅里叶变换，$\hat{F}(u,v)$ 为复原图像的傅里叶变换，$H(u,v)$ 为退化系统的频率响应，$N(u,v)$ 为噪声信号的傅里叶变换，$H^{-1}(u,v)$ 称为逆滤波器。这就表明若噪声为 0，则采用逆滤波恢复法能完全再现原图像，但实际上碰到的问题都是有噪声的，因而只能在有噪声的情况下产生复原图像 $\hat{F}(u,v)$，即

$$\begin{aligned}
\hat{F}(u,v) &= \frac{G(u,v)}{H(u,v)} \\
&= \frac{F(u,v)H(u,v) + N(u,v)}{H(u,v)} \\
&= F(u,v) + \frac{N(u,v)}{H(u,v)}
\end{aligned} \tag{6-17}$$

若噪声存在，并且 $H(u,v)$ 很小或为 0，则噪声被放大，这意味着退化图像中小噪声的干扰在 $H(u,v)$ 较小时，会对逆滤波恢复的图像产生很大的影响，有可能使恢复的图像 $\hat{f}(x,y)$ 和原图像 $f(x,y)$ 相差很大，甚至面目全非。为此，改进的方法有如下 3 种。

（1）在 $H(u,v) = 0$ 处不做计算，即逆滤波为

$$H^{-1}(u,v) = \begin{cases} H^{-1}(u,v), & |H(u,v)| \neq 0 \\ 1, & |H(u,v)| = 0 \end{cases} \tag{6-18}$$

（2）当 $H(u,v)$ 非常小时，$N(u,v)/H(u,v)$ 对复原结果起着主导作用，而在大多数图像系统中，$|H(u,v)|$ 离开原点衰减很快，因此复原应局限于距离原点不远的有限区域内进行。逆滤波器为

$$H^{-1}(u,v) = \frac{H_1(u,v)}{H(u,v)} \tag{6-19}$$

$$H_1(u,v) = \begin{cases} 1, & u^2 + v^2 \leq w_0^2 \\ 0, & u^2 + v^2 > w_0^2 \end{cases} \tag{6-20}$$

式中：$H_1(u,v)$——理想低通滤波器。

这种方法的缺点是会出现振铃效应。

（3）为避免振铃效应，有一种改进的方法，即

$$H^{-1}(u,v) = \begin{cases} k, & |H(u,v)| \leq d \\ 1/H(u,v), & |H(u,v)| > d \end{cases} \tag{6-21}$$

其中，k 和 d 均为小于 1 的常数，且 d 应选得较小。

逆滤波处理前后的图像如图 6-10 所示。

从图 6-10（e）可以看出，对含有噪声的模糊图像采用逆滤波恢复法的恢复效果极差，但从图 6-10（f）可知，若知道图像中的噪声分布，也是可以完全复原图像信息的。因此可知，逆滤波在图像没有噪声的情况下是很好的，但是它对噪声非常敏感，除非我们知道噪声

的分布情况，否则逆滤波几乎不可用，但事实上，图像中噪声的分布情况很难预知。

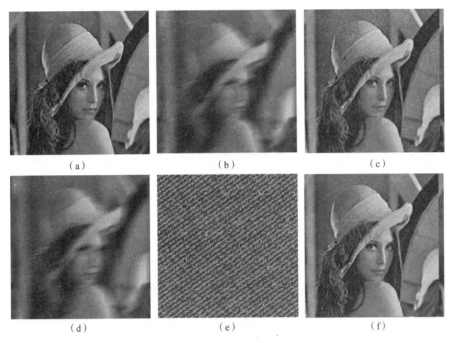

$$（a）\quad（b）\quad（c）$$

$$（d）\quad（e）\quad（f）$$

图 6-10　图像复原对比图

（a）原图；（b）运动模糊后的图像；（c）逆滤波；（d）运动模糊、高斯噪声后的图像；

（e）噪声未知直接逆滤波；（f）噪声已知逆滤波

6.3.2　维纳滤波

在数学应用上，对于运动引起的图像模糊，最简单的方法是直接做逆滤波，但是逆滤波对加性噪声特别敏感，使得恢复的图像几乎不可用。维纳滤波器是一种自适应最小均方差滤波器，维纳滤波的方法是一种统计方法，用来去除含有噪声的模糊图像，其目标是找到未污染图像的一个估计，使它们之间的均方差最小，可以去除噪声，同时清晰化模糊图像。

$$E\left\{[\hat{f}(x,y)-f(x,y)]^{2}\right\}=\min \tag{6-22}$$

式中：$\hat{f}(x,y)$——维纳滤波后的图像；

$f(x,y)$——清晰的原始图像。

由安德鲁斯（Andrews）和亨特（Hunt）推导满足这一要求的传递函数为

$$H_{w}(u,v)=\frac{1}{H(u,v)}\cdot\frac{|H(u,v)|^{2}}{|H(u,v)|^{2}+s\cdot\dfrac{P_{n}(u,v)}{P_{f}(u,v)}} \tag{6-23}$$

则有

$$\hat{F}(u,v)=\left[\frac{1}{H(u,v)}\cdot\frac{|H(u,v)|^{2}}{|H(u,v)|^{2}+s\cdot\dfrac{P_{n}(u,v)}{P_{f}(u,v)}}\right]G(u,v) \tag{6-24}$$

式中：$\hat{F}(u,v)$——复原图像的傅里叶变换；

$G(u,v)$——退化图像的傅里叶变换；

$H(u,v)$——退化函数；

$P_n(u,v)$——噪声的功率谱，$P_n(u,v)=|N(u,v)|^2$；

$P_f(u,v)$——原始图像的功率谱，$P_f(u,v)=|F(u,v)|^2$；

$s=\dfrac{1}{\lambda}$，λ 为常数，是拉格朗日乘数。

维纳滤波需要知道原始图像和噪声的二阶统计特性，即要知道关于图像和噪声的先验知识，如 $P_f(u,v)$，$P_n(u,v)$，但是这恰恰也是我们不知道的，这也是维纳滤波器的局限所在，因此我们一般将上述两个公式的比值看作是常数 K 代入进行计算，即 K 与噪声和未退化图像之间的信噪比有关，K 在不同情况下取值不同。那么，维纳滤波的计算公式为

$$\hat{F}(u,v)=\left[\frac{1}{H(u,v)}\cdot\frac{|H(u,v)|^2}{|H(u,v)|^2+K}\right]G(u,v) \tag{6-25}$$

这是一种无可奈何的粗糙的近似，但是当噪声为白噪声即其功率谱为常数的时候，这种近似效果很不错。维纳滤波处理前后的图像如图 6-11 所示。

图 6-11　维纳滤波处理前后的图像

(a) 原图；(b) 运动模糊后的图像；(c) 维纳滤波；(d) 运动模糊、高斯噪声后的图像；

(e) NSR=0 维纳滤波；(f) 基于估计 NSR 的维纳滤波

从图 6-11 (a)(b)(c) 可以看出，若无噪声，此时维纳滤波相当于逆滤波，恢复运动模糊效果是极好的；从图 6-11 (d)(e)(f) 可以看出，信噪比[①]估计的准确性对图像影响是比较大的，图 6-11 (e) 效果几乎不可用。

---

① 信噪比，英文名称 SNR (signal-noise ratio)，是指一个电子设备或者电子系统中信号与噪声的比例，信噪比的计量单位是 dB，其计算方法是 $10\lg(P_s/P_n)$，其中 P_s 和 P_n 分别代表信号和噪声的有效功率。

6.3.3 约束最小二乘方滤波

约束最小二乘方滤波是图像复原中一种较好的方法。由于逆滤波对噪声特别敏感，因此约束最小二乘方滤波的核心是针对噪声的敏感性问题，以平滑度量的最佳复原为基础，减少噪声敏感，消除很严重的噪声，进而复原图像；维纳滤波要求未退化图像和噪声的功率谱必须是已知的，但是通常这两个功率谱很难估计，尽管可以用一个常数去估计功率谱比，然而并不总是一个合适的解，而约束最小二乘方滤波只要求知道噪声的方差和均值，并且这些参数可通过给定的退化图像计算出来，这是约束最小二乘方滤波的一个重要优点。

由于约束最小二乘方滤波代数实现方法相当复杂，因此这里直接给出约束最小二乘方滤波的表达式，即

$$\hat{F}(u,v) = \left[\frac{1}{H(u,v)} \cdot \frac{|H(u,v)|^2}{|H(u,v)|^2 + \gamma |P(u,v)|^2} \right] G(u,v) \tag{6-26}$$

式中：γ——参数；

$P(u,v)$——矩阵 $\boldsymbol{p}(x,y) = [0,-1,0;-1,4,-1;0,-1,0]$ 的傅里叶变换。

该算法相比于维纳滤波，对其应用的每幅图像都能产生最优的结果。

在 MATLAB 实现过程中，约束最小二乘方滤波通过函数 deconvreg 来实现，其语法为

$$fr = deconvreg（g，PSF，NOISEPOWER，RANGE）$$

其中：g——被污染的图像；

fr——复原的图像；

PSF——点扩展函数；

RANGE——值的范围；

NOISEPOWER 与 $||\eta||^2$ 成比例。

图 6-12 是对图像在不同情况下进行约束最小二乘方滤波处理的对比图。

经过对比可得，约束最小二乘方滤波对高噪声和中等噪声产生结果要好于维纳滤波，对于低噪声而言，两种滤波产生结果基本相同。

（a）　　　　　　　　　（b）　　　　　　　　　（c）

图 6-12　约束最小二乘方滤波后的对比图

（a）原图；（b）运动模糊后的图像；（c）逆滤波

（d）　　　　　　　　　　（e）　　　　　　　　　　（f）

图 6-12　约束最小二乘方滤波后的对比图（续）

（d）运动模糊、高斯噪声后的图像；（e）约束最小二乘方滤波；（f）去模糊 deconvreg 函数

6.4　几何失真校正

6.4.1　几何失真

图像在获取过程中，由于成像系统的非线性、飞行器的姿态变化等原因，成像后的图像与原景物图像相比，会产生比例失调，甚至扭曲，像这样的图像退化现象称为几何失真。有几何失真的图像不但视觉效果不好，而且在对图像进行定量分析时提取的形状、距离、面积等数据也不准确。几何失真分为系统失真和非系统失真两大类。

（1）系统失真：光学系统、电子扫描系统失真而引起的梯形、枕形、桶形畸变等，都可能使图像产生几何特性失真。典型的系统几何失真如图 6-13 所示。

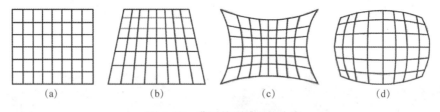

（a）　　　　　（b）　　　　　（c）　　　　　（d）

图 6-13　典型的系统几何失真

（a）原图像；（b）梯形失真；（c）枕形失真；（d）桶形失真

（2）非系统失真：非系统失真是指从飞行器上所获得的地面图像，由于飞行器的姿态、高度和速度变化引起的不稳定与不可预测的几何失真。这类畸变一般要根据飞行器的跟踪资料和地面设置控制点等办法来进行校正。典型的非系统失真如图 6-14 所示。

6.4.2　几何校正

几何校正一般是指通过一系列的数学模型来改正和消除遥感影像成像时因摄影材料变

形、物镜畸变、大气折光、地球曲率、地球自转、地形起伏等因素导致的原始图像上各个物体的几何位置、形状、尺寸、方位等特征与在参照系统中的表达要求不一致时产生的变形。

几何校正分为两个步骤：一是空间变换，即对图像平面上的像素进行重新排列以恢复原空间关系；二是灰度插值，即对空间变换后的像素赋予相应的灰度值以恢复原位置的灰度值。

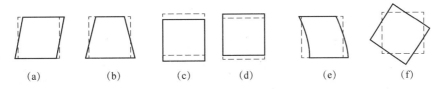

图 6-14　典型的非系统失真

（a）地球自转；（b）高度变化；（c）俯仰；（d）速度变化；（e）流动；（f）偏航

6.4.2.1　空间变换

空间变换是对图像平面上的像素进行重新排列以恢复原空间关系，即将输入图像的像素位置映射到输出图像的新位置。

几何形变可以表示为

$$x' = s(x, y) \tag{6-27}$$

$$y' = t(x, y) \tag{6-28}$$

式中：(x', y')——校正图的空间坐标点；

$s(x, y)$ 和 $t(x, y)$——产生几何失真图像的 2 个空间变换。

对线性失真，$s(x, y)$ 和 $t(x, y)$ 可写为

$$s(x, y) = k_1 x + k_2 y + k_3 \tag{6-29}$$

$$t(x, y) = k_4 x + k_5 y + k_6 \tag{6-30}$$

对一般的非线性二次失真，$s(x, y)$ 和 $t(x, y)$ 可写为

$$s(x, y) = k_1 + k_2 x + k_3 y + k_4 x^2 + k_5 xy + k_6 y^2 \tag{6-31}$$

$$t(x, y) = k_7 + k_8 x + k_9 y + k_{10} x^2 + k_{11} xy + k_{12} y^2 \tag{6-32}$$

如果已知 $s(x, y)$ 和 $t(x, y)$ 的表达式，就可以通过反变换来恢复图像。但实际中通常不知道表达式，可用约束对应点法（或称连接点）解决，如图 6-15 所示。

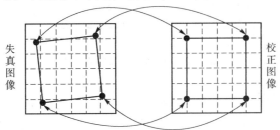

图 6-15　失真图和校正图的连接点

如图 6-15 所示，利用"连接点"建立失真图像和校正图像间像素空间位置的对应关系，而这些"连接点"在输入（失真）图像和输出（校正）图像中的位置是精确已知的。两个四边形区域的顶点可作为对应点，设在四边形区域内的几何失真过程可用一对双线性等式表示，即

$$s(x,y) = k_1 x + k_2 y + k_3 xy + k_4 \tag{6-33}$$

$$t(x,y) = k_5 x + k_6 y + k_7 xy + k_8 \tag{6-34}$$

可得到

$$x' = k_1 x + k_2 y + k_3 xy + k_4 \tag{6-35}$$

$$y' = k_5 x + k_6 y + k_7 xy + k_8 \tag{6-36}$$

由图 6-15 可知，两个四边形区域共有 4 组（8 个）已知对应点，所以 8 个系数 k_i 可以全部解得，根据这些系数可建立将四边形区域内的所有点进行空间映射的公式。一般来说，可将 1 幅图分成一系列覆盖全图的四边形区域的集合，对每个区域都找足够的对应点以计算进行映射所需的系数，即可完成空间变换过程。

6.4.2.2 灰度插值

图像经几何位置校正后，在校正空间中各像素点的灰度值等于被校正图像对应点的灰度值，但是一般校正后的图像某些像素点可能分布不均匀，不会恰好落在坐标点上，因此常采用内插法来求得这些像素点的灰度值。经常使用的方法有最近邻插值（Nearest neighbor interpolation）、双线性插值（Bi-linear interpolation）和三次样条插值（Cubic spline interpolation）。

最近邻插值通常被用于图像缩放中，即在原图中选取一个与映射点最靠近的像素作为缩放图某点的像素值，如图 6-16 所示。最近邻插值首先将缩放图坐标 (x,y) 经空间变换映射为原图像中的 (x',y')，如果 (x',y') 是非整数坐标，则寻找 (x',y') 的最近邻，并将最近邻的灰度值赋给缩放图像 (x,y) 处的像素。这种方法实现起来非常方便，但不够精确，甚至经常产生不希望的人为疵点，如高分辨率图像直边的扭曲等。因此，可以采用更完善的技术得到较平滑的结果，如样条插值、立方卷积内差等，但是更平滑的近似会增加计算的开销。

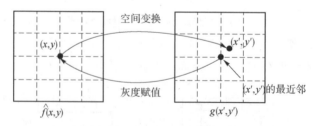

图 6-16 最近邻灰度插值示意

双线性插值示意如图 6-17 所示，利用点 (x',y') 的 4 个最近邻的灰度值来确定 (x',y') 处的灰度值。设 (x',y') 的 4 个最近邻为 A、B、C、D，它们的坐标分别为 (i,j)、$(i+1,j)$、$(i,j+1)$、$(i+1,j+1)$，其灰度分别为 $g(A)$、$g(B)$、$g(C)$、$g(D)$。

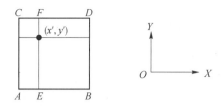

图 6-17 双线性插值示意

首先计算 E 和 F 这两点的灰度值 $g(E)$，$g(F)$ 为

$$g(E) = (x'-i)[g(B)-g(A)]+g(A) \qquad (6-37)$$

$$g(F) = (x'-i)[g(D)-g(C)]+g(C) \qquad (6-38)$$

则 (x',y') 点的灰度值 $g(x',y')$ 为

$$g(x',y') = (y'-j)[g(F)-g(E)]+g(E) \qquad (6-39)$$

图 6-18 展示了不同灰度插值的结果比较，由图可知，双线性插值的效果好于最近邻插值变换的效果。

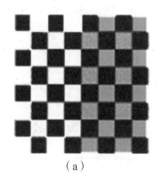 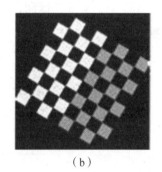 

（a） （b） （c）

图 6-18 不同灰度插值的结果比较

（a）原始图像；（b）最近邻插值；（c）双线性插值

三次样条插值函数是分段三次多项式，在每个小区间 $[x_i,x_{i+1}]$ 上可以写成

$$S(x) = a_i x^3 + b_i x^2 + c_i x + d_i \qquad (i=0,1,\cdots,n-1) \qquad (6-40)$$

式（6-40）中共有 $4n$ 个待定参数。$S(x)$ 在 $[a,b]$ 上二阶导数连续，故在内节点 $x_i(i=1,2,\cdots,n-1)$ 处应满足连续性条件

$$S^{(k)}(x_i-0) = S^{(k)}(x_i+0) \qquad (k=0,1,2) \qquad (6-41)$$

其中，$S^{(k)}(x_i-0)$ 是点 x_i 的 k 阶左导数，$S^{(k)}(x_i+0)$ 是点 x_i 的 k 阶右导数，那么由上式可产生 $3(n-1)$ 个条件，再加上 $n+1$ 个插值条件，共有 $4n-2$ 个条件，因此，还需要 2 个条件就能确定 $S(x)$。通常在区间端点 $a=x_0$ 和 $b=x_n$ 上各加一个条件，我们将这个条件称为边界条件，即可确定 $S(x)$。常用的边界条件确定方式有以下 3 种。

（1）已知两端的二阶导数值，即

$$S''(x_0) = f_0'' = M_0, S''(x_n) = f_n'' = M_n \qquad (6-42)$$

其特殊情况为

$$S^n(x_0)=0,S^n(x_n)=0(\text{自由边界}) \tag{6-43}$$

对应的样条函数称为自然样条。

（2）已知两端的一阶导数值，即

$$S'(x_0)=f'_0=m_0,S'(x_n)=f'_n=m_n \tag{6-44}$$

（3）周期边界条件

$$S^k(x_0)=S^k(x_n)(k=0,1,2) \tag{6-45}$$

此时，对函数值有周期条件 $f(x_0)=f(x_n)$。

三次样条插值较难以理解，下面举例说明。样条插值法可以简单理解为每两个点之间确定一个函数，这个函数就是一个样条，函数不同，样条就不同，然后把所有样条分段结合成一个函数，就是最终的插值函数。线性样条就是用两点确定一条直线，我们可以在每两点间画一条直线，就可以把所有点连起来。线性样条如图6-19所示，显然曲线不够光滑，究其原因是连接点处导数不相同。

因为直线对点的拟合效果不好，所以就用曲线代替，而二次函数是最简单的曲线。如图6-20所示，假设4个点 x_0、x_1、x_2、x_3，有3个区间，需要3个二次样条，每个二次样条为 ax^2+bx+c，故总计9个未知数。

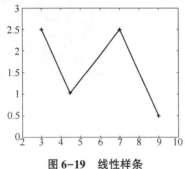

图6-19　线性样条

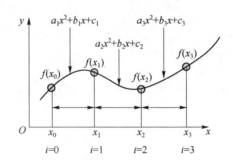

图6-20　点的位置示意

x_0、x_3 两个端点都有一个二次函数经过，可确定2个方程；x_1、x_2 两个中间点都有两个二次函数经过，可确定4个方程；中间点处必须连续，需要保证左右二次函数一阶导相等，即 $2a_1x_1+b_1=2a_2x_1+b_2$，$2a_2x_2+b_1=2a_3x_1+b_3$，可确定2个方程，此时有了8个方程。此外，假设第一个方程的二阶导为0，即 $a_1=0$，又是一个方程，共计9个方程，联立即可求解。二次样条插值连续光滑。因为假设 $a_1=0$，所以二次函数变成 b_1x+c_1，使得前两个点之间是条直线，最后两个点之间有些过于陡峭。二次样条函数如图6-21所示，三次样条函数如图6-22所示。

二次函数最高项系数为0，其变成直线；三次函数最高项系数为0，还是曲线，插值效果应该更好。三次样条思路与二次样条基本相同，同样假设4个点 x_0、x_1、x_2、x_3，有3个区间，需要3个三次样条，每个三次样条为 ax^3+bx^2+cx+d，故总计12个未知数。

　　内部节点处的函数值应该相等，这里一共是 4 个方程；函数的第一个端点和最后一个端点，应该分别在第一个方程和最后一个方程中，这里是 2 个方程；两个函数在节点处的一阶导数应该相等，这里是 2 个方程；两个函数在节点处的二阶导数应该相等，这里是 2 个方程；假设端点处的二阶导数为 0，这里是 2 个方程；共计 12 个方程，联立即可求解。由图 6-21 和图 6-22 可得，三次样条函数相较于二次函数而言，取得了更好的拟合效果。

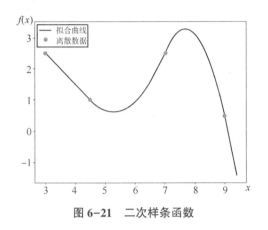

图 6-21　二次样条函数

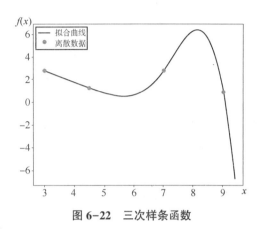

图 6-22　三次样条函数

6.5　图像复原技术应用与系统设计

　　以上详细介绍了图像复原技术的理论基础，如何将之应用于实践，设计出实用的图像处理系统是学习本章的主要目标。本节将通过文物图像复原系统的具体设计与实现过程来展示图像复原系统的设计思路与设计方法，为读者进行图像复原技术应用与系统设计提供参考。

6.5.1　图像复原应用概述

　　人们获得的绝大部分信息来源于视觉系统，高质量的图像有着至关重要的作用，但人们在从图像中提取信息时，可能会受到多种干扰，如图像残缺、图像模糊等，针对此类问题，最有效的解决方法就是采用图像复原技术。图像复原技术，可理解为是利用已知的经验知识来复原被损坏的图像并达到改善图像视觉效果的过程。

　　当下，对文物进行颜色补充、洗净表面污渍等复原工作由相关领域的工作人员完成，但是这种方式很难进行二次或多次操作，由于其不可逆性，如果稍有疏忽，势必会丢失文物的原有价值，因此十分危险。此外，不同工作人员对所要复原文物的见解也不一样，思维方式存在差异，很容易在文物复原工作中加入个人审美因素，导致文物失去本身原有的样貌。随着计算机技术的进步和不断创新，图像复原技术在利用计算机对文物进行辅助保护方面起着越来越大的作用。采用计算机进行文物图像复原不仅能最大限度地缩短文物修复工作的时间，而且可以避免人工复原工作中的主观因素的影响和对文物产生的二次损伤，尽最大可能复原文物样貌，为文物图像的数字化管理提供了方法，并为文物保护研究的发展提供依据，对文物的保护具有重要意义。目前，文物保护的重点是如何利用图像复原技术完成图像自主或半自主复原，这种方式在文物修复、医学图像、现代侦查等领域有着很大的应用意义。

本节以"文物图像复原系统"的设计与实现为例，从设计的角度讨论各模块实现的功能以及设计这些模块的思想，一方面，将图像复原基本知识应用于当今社会急需解决的问题，便于读者更具体、更形象地理解图像复原知识的实际运用；另一方面，通过"文物图像复原系统"这一实例，使读者了解并掌握系统设计与实现的过程。文物图像复原系统主要包括四大功能模块，分别是图像导入与保存、图像复原预处理、图像复原实现以及图像复原效果评价，其具体架构如图6-23所示。本节将对这四大功能模块展开详细介绍。文物图像复原系统的具体实现一方面展示了图像复原技术应用于文物修复中的具体效果；另一方面，不同功能的系统有不同的实现模块，需具体问题具体分析，但该部分的设计实现思路可供参考与借鉴。

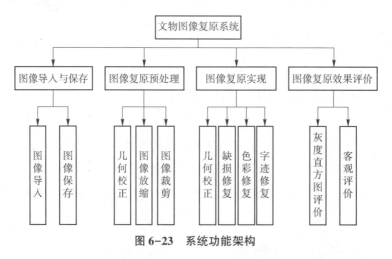

图6-23　系统功能架构

6.5.2　图像导入与保存

该模块是包括"文物图像复原系统"在内的所有系统的基础部分，是几乎所有系统都会涉及的模块。该模块包括图像的导入与图像的保存部分。就"文物图像复原系统"而言，图像导入是指当选定具体某项复原操作后，系统会根据单击响应弹出图片选择界面，如图6-24所示，并且可以自主更换图片的属性，如图6-25（a）所示，从而选择所需要的图片进行接下来的操作；图像保存即是对图片进行选择性的保存，如图6-25（b）所示；根据图片从左到右、从上到下的位置进行顺序命名，保存成功后会有提示信息，如图6-25（c）所示。

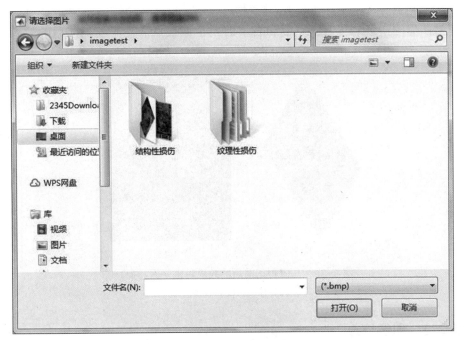

图 6-24　图片选择

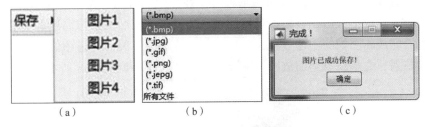

图 6-25　图像导入与保存模块

（a）图片属性更换；（b）图片保存；（c）提示信息

6.5.3　文物图像复原预处理

图像预处理的主要目的是消除图像中无关的信息，恢复有用的真实信息，增强有关信息的可检测性和最大限度地简化数据，从而改进特征抽取、图像分割、匹配和识别的可靠性。直接获取的图像往往是不满足直接对其进行处理的要求的，因此"图像预处理"模块是与"图像处理"相关的系统的基础模块。就"文物图像复原系统"而言，文物图像复原预处理有 3 种预处理方法可供选择，分别为几何校正、图像缩放和图像裁剪，主要是对文物图像进行结构上的处理，为实现文物图像的复原奠定基础。

6.5.3.1　几何校正

在真实的成像系统中，由于拍摄设备本身的问题，图像成像时可能存在角度差，即发生投影变形、扭曲等，进行几何校正，就是通过建立映射关系，将校正前后图像像素的空间坐标进行确定。要想校正图片，首先要建立校正模型，校正模型建立的第一步就是在畸变图像上从上到下、从左到右选取 4 个控制点。一般而言，根据对应关系，这 4 个控制点分别为正常图像的左上、右上、左下和右下的 4 个像素点。几何校正前后的效果对比如图 6-26 所示。

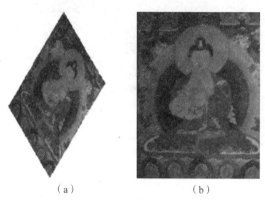

（a）　　　　　　　（b）

图 6-26　几何校正前后的效果对比（附彩插）

（a）原图；（b）校正图

6.5.3.2　图像缩放

图像缩放不仅仅是对图像大小的调整，它还能在一定程度上影响图像的质量，一是影响图像的平滑程度，二是影响图像的清晰程度。在导入图片后，会弹出缩放倍数输入框，在输入框中输入缩放倍数后，会根据具体的输入值计算缩放后的图像高度和宽度，并进行最近取整进而完成新图像的创建过程，然后进行矩阵边缘扩展，再将图像的元素逐列扫描进行像素的映射，并最终得到缩放图，缩放效果如图 6-27 和图 6-28 所示。

（a）　　　　　　　（b）

图 6-27　图像缩小（附彩插）

（a）原图；（b）缩小 50% 后的图

6.5.3.3　图像裁剪

根据实际研究的需要，可将待复原文物图像进行裁剪，得到实际想要复原的文物图像区域，以便更好地实现图像复原，本系统采用 imcrop 函数进行图像裁剪，裁剪后的图像形状为矩形，裁剪效果如图 6-29 所示。

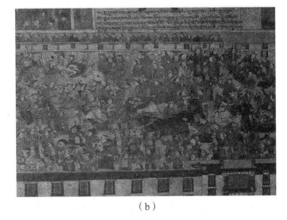

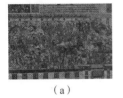

（a）　　　　　　　　　　　　　　　　（b）

图 6-28　图像放大（附彩插）

（a）原图；（b）放大 150%后的图

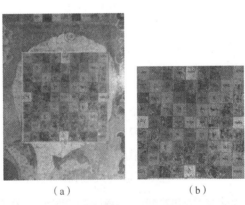

（a）　　　　　　　　　（b）

图 6-29　图像裁剪（附彩插）

（a）原图；（b）裁剪图

6.5.4　文物图像复原实现

文物图像复原实现模块根据文物图像的损伤类型进行分类修复，主要分为色彩修复、裂痕修复和字迹修复 3 个主要部分，下面进行详细介绍。

6.5.4.1　色彩修复

文物图像的色彩会随着时间的流逝褪色失真，本部分将通过维纳滤波复原方法、基于 histeq 的简单色彩复原方法和基于 Retinex 理论的色彩复原方法对文物图像进行色彩修复，下面对这 3 种方法展开详细介绍。

1）维纳滤波复原

维纳滤波复原原理见 6.3.2 节，此处仅展示复原效果对比图，维纳滤波复原前后效果对比图如图 6-30 所示，由图可知，原图像明显模糊且不易识别、颜色杂乱，经维纳滤波复原后的图像色彩清晰，更加具有视觉美感。

2）基于 histeq 的简单色彩复原

基于 histeq 的简单色彩复原是对图像进行均衡化，原理上是使图像像素值进行重新分

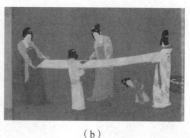

（a）　　　　　　　　　　（b）

图 6-30　复原效果对比图 1（附彩插）

（a）原图；（b）维纳滤波复原图

布，使一定图像区域中的像素值数量大致相等，从而减小区域间的差异。其调用公式如式（6-46）和式（6-47）所示。

$$f=\text{histeq}(m,n) \tag{6-46}$$

$$[f,F]=\text{histeq}(m,n) \tag{6-47}$$

式中：m——原图像；

　　　n——指定直方图均衡化后的灰度级数；

　　　f——复原后的图像；

　　　F——变换矩阵。

本次在图像饱和度和亮度、RGB 的每个通道、YCbCr（Y 为颜色的亮度成分、Cb 为蓝色浓度偏移量成分、Cr 为红色浓度偏移量成分）的亮度处理上运用了该函数，并进行相关的探索。复原效果如图 6-31 所示，由图可知，经处理后的图像与原图像相比，更清晰且色彩相对饱满，其中以对亮度和饱和度进行处理得到的图像色彩最为饱满。

（a）　　　　（b）　　　　（c）　　　　（d）

图 6-31　复原效果对比图 2（附彩插）

（a）原图；（b）对亮度和饱和度处理效果图；

（c）对 RGB 每个通道处理效果图；（d）对 YCbCr 亮度处理效果图

3）基于 Retinex 理论的色彩复原

Retinex 理论是色觉计算理论，Retinex 理论认为物体的颜色显现取决于物体本身对光线的反射能力，与光的不均匀照射无关。换句话说，Retinex 理论认为物体在任何时候其色感恒常，这也是与传统方法不同的地方。本次运用的方法是 MSRCR，它是 Retinex 理论的方法之一，MSRCR 不仅能增强图像的对比度，还能恢复图像色彩，降低图像中的色彩污染。MSRCR 原理如式（6-48）~式（6-50）所示。

$$R_{\mathrm{MSRCR}_i}(x,y)=C_i(x,y)R_{\mathrm{MSR}_i}(x,y) \tag{6-48}$$

$$C_i(x,y)=f\left[I'_i(x,y)\right]=f\left[\frac{I_i(x,y)}{\sum\limits_{j=1}^{N}I_j(x,y)}\right] \tag{6-49}$$

$$f\left[I'_i(x,y)\right]=\beta\log_2\left[\alpha I'_i(x,y)\right]=\beta\left\{\log_2\left[\alpha I'_i(x,y)\right]-\log_2\sum\limits_{j=1}^{N}I_j(x,y)\right\} \tag{6-50}$$

式中：$I_i(x,y)$——第 i 个通道的图像；

C_i——第 i 个通道的彩色恢复因子；

$f(\ )$——颜色空间的映射函数；

β——增益常数；

α——非线性强度。

MSRCR 算法利用彩色恢复因子 C，调节 3 个通道颜色的比例，凸显暗区的信息，消除图像色彩失真的缺陷，处理后会有较好的视觉效果，但其存在像素为负值的情况，所以处理后需将图像像素值转换为实数域后，再对图像采取相关方法进行修正。复原结果如图 6-32 所示，由图可知，复原后的图像色彩更加清晰且饱满。

（a）　　　　　　　　（b）

图 6-32　复原效果对比图 3（附彩插）

（a）原图；（b）复原图

6.5.4.2　裂痕修复

文物图像保存时间久且在此过程中会发生很多保存不当的事件，如文物纸张等会存在不同程度的折损、裂痕等，本小节将针对此问题通过盲解卷积方法和基于图像纹理自适应复原方法展开对文物图像的裂痕修复，下面对这两种方法展开详细介绍。

1）盲解卷积

盲解卷积可在预先不知道退化模型的情况下对图像进行复原，用最大相似算法对图像解卷积，返回退化函数，并返回复原图像。本次实验中首先对图像进行腐蚀膨胀处理，以消除图像中的小污点，然后采用盲解卷积进行图像处理，复原效果如图 6-33 所示。由图可见，原始图像中有一条明显的裂纹，并且图像边缘不清晰，经复原处理后的图像中的裂痕不再明显，且图像中人物的边缘变得更加清晰。但该方法仅适用于小面积的裂痕修复，对大面积的缺损图像的处理并不能达到良好的效果。

（a）　　　　　　　　（b）

图 6-33　复原效果对比图 4（附彩插）

（a）原图；（b）复原图

2）基于图像纹理自适应复原

对于裂痕图像的复原，另一种方法是基于原图像的纹理快速合成自适应型的复原方法，该方法主要是通过图像缺失部分的边缘像素点来判断如何将缺损区域进行复原，由外而内直到所有像素点都填充完毕的过程。同样地，在图像复原之前，首先对原图像进行腐蚀膨胀处理，复原效果对比如图 6-34 所示。

（a）　　　　　　　　（b）

图 6-34　复原效果对比图 5（附彩插）

（a）原图；（b）复原图

从复原的效果可以看出该复原方法可以在一定程度上对缺损的区域进行修复，但是复原的效果不是很明显，同时可观察到该复原方法还能将图像色彩进行增强，但也可能会出现图像部分失真的现象。

6.5.4.3　字迹修复

古老的文物字画等由于年代久远且保存过程又不尽完善，因此可能存在影响人们视觉观感的斑斑点点，使得字画的正常观赏受阻。本次对文物图像中的字迹复原采用先腐蚀后膨胀的方法进行，目的在于消除图像中多余且有碍视觉体验的干扰点，图像复原效果对比如图 6-35 所示。由图可知，采用本小节方法复原后的图像中的干扰点淡化或消失，字迹变得更加清晰，视觉效果更佳。

本小节的目标是完成文物图像的字迹复原，但并没有使用经典的图像复原方法，而是

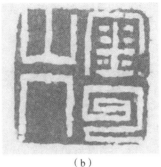

（a）　　　　　　　　　　　　　（b）

图 6-35　复原效果对比图

（a）原图；（b）复原图

采用简单的图像基本操作完成，这就启发读者，学习需要融会贯通，学习理论知识的最终目的在于理解运用，解决实际问题。

6.5.5　文物图像复原效果评价

文物图像复原效果评价模块是对文物图像复原前后的情况进行描述评价，分为主观评价和客观评价，下面分为两部分进行详细叙述。

6.5.5.1　主观评价

主观评价是从个人的角度去评价，带有个人的感情色彩，指的是以人的视觉感受作为评判图像质量好坏的标准，从文物图像复原的对比结果图可以看出，复原后的图像在颜色对比度、图像清晰度、图像真实感方面均达到了较好的效果，给人的视觉感受更好。

6.5.5.2　客观评价

对图像进行客观评价就是采用标准差和信息熵来进行展示，这两个值是基于人眼的主观性的，并进行了特殊的计算，两个值的具体含义如表 6-1 所示。

表 6-1　标准差、信息熵含义

客观评价方法	功能
标准差（Standard deviation）	图像像素值与均值的离散程度，该值越大说明图像的质量越好
信息熵（Information entropy）	反映图像信息量，该值越大，图像细节信息越丰富

标准差又常称为均方差，是方差的算术平方根，用 σ 表示，此处通过方差的公式来计算标准差，方差是每个样本值与全体样本值的均值之差的平方值的平均数，式（6-51）是常用来计算标准差的公式。

$$\sigma = \sqrt{\frac{\sum_{n=1}^{N}\left[I_n(x,y) - \frac{1}{N}\sum_{n=1}^{N}I_n(x,y)\right]^2}{N-1}} \tag{6-51}$$

式中：$I_n(x,y)$——图像 (x,y) 位置的像素值；

N——图像像素点个数。

信息熵，用 H 表示，反映图像信息量，该值越大，图像细节信息越丰富，信息熵的定义公式为

$$H = - \sum_{i=1}^{n} p_i \log_2(p_i) \tag{6-52}$$

式中：p_i——图像的某个灰度值的像素点数与图像总像素点数的比值；

n——图像的灰度层次数。

经验证性计算可得，复原后的图像的标准差和信息熵均略高于原始图像，因此，图像复原是有效的。

6.5.6 图像复原应用拓展

图像在获取、传输、存储等过程中不可避免地会引入噪声、模糊等，因此，图像复原算法已成为各个行业图像检查中的关键技术，可应用于医学、工业检查、航空航天等众多领域，在进行去除噪声、去模糊等图像复原处理后，还原图像本来的真实面目，方便人眼观察，以及后续的更高层次处理。本节以图像复原在文物修复中的应用这一案例进行详细解析，对于类似系统，可参照此案例设计并实现。

6.6 习题

选择

1. （　　）在对图像复原过程中需要计算噪声功率谱和图像功率谱。
A. 逆滤波
B. 维纳滤波
C. 约束最小二乘方滤波
D. 同态滤波

2. 噪声有（　　）特性。
A. 只含有高频分量
B. 其频率总覆盖整个频谱
C. 等宽的频率间隔内有相同的能量
D. 总有一定的随机性

3. 图像退化的原因可以是（　　）。
A. 透镜色差
B. 噪声叠加
C. 光照变化
D. 场景中目标的快速运动

4. 维纳滤波器通常用于（　　）。
A. 去噪
B. 减小图像动态范围
C. 复原图像
D. 平滑图像

填空

_____可以理解为妨碍人的视觉感知，或妨碍系统传感器对所接收图像源信息进行

理解或分析的各种因素，也可以理解为真实信号与理想信号之间存在的偏差。

简答

1. 图像噪声的类型有哪些，如何进行消除？

2. 简述图像复原与图像增强的异同。

3. 简述图像复原的目的及过程，讨论常用的代数恢复方法。

4. 已知一个退化系统的退化函数 $H(u,v)$，以及噪声的均值与方差，请描述如何利用约束最小二乘方算法计算出原图像的估计。

5. 由于几何失真，使原图像某一整数坐标 (x,y) 映射到的是真图中的非整数坐标 (x_0,y_0) 即 $(6.3,8.6)$，试用双线性插值法求原坐标 (x,y) 即失真坐标 (x_0,y_0) 点的灰度值，设 (x_0,y_0) 周围 4 个点的灰度值分别为 $f(6,8)=80$，$f(7,8)=78$，$f(6,9)=90$，$f(7,9)=70$。

设计

1. 当今大部分道路的路口、收费站都安装了监控录像系统，这给道路交通管理部门进行行政管理提供了很大的帮助，同时也给公安机关特别是刑侦部门创造了新的寻找破案线索的条件。虽然监控录像中有嫌疑车辆，但对侦破案件起关键作用的车牌号却经常会模糊不清，无法直接辨认，因此请自行设计并完成"监控录像中模糊车牌号的复原系统"，应用图像复原技术处理完成模糊车牌号的复原工作。

2. 一位考古学教授在做古罗马时期货币流通方面的研究，最近认识到 4 个罗马硬币对他的研究很关键，被列在伦敦大英博物馆的馆藏目录中，遗憾的是，他到达那里后，被告知硬币已经被盗了，幸好依靠博物馆保存的一些照片来研究也是可靠的。但硬币的照片模糊了，日期和其他小的标记不能读出。模糊的原因是摄取照片时照相机散焦。作为一名图像处理专家，要求你用计算机复原图像，帮助教授读出这些标记。且用于拍摄该图像的原照相机一直能用，还有些同时期其他有代表性的硬币。请你提出解决这一问题的过程。

3. 成像时由于长时间曝光受到大气干扰而产生的图像模糊可以用转移函数 $H(u,v)=\exp[-(u^2+v^2)/2\sigma^2]$ 表示。设噪声可忽略，求恢复这类模糊的维纳滤波器的方程。

第 7 章

图像压缩

数字图像处理的目的除了改善图像的视觉效果外,还有在保证一定视觉质量的前提下减少数据量(从而减少图像传输所需的时间)。用数字形式表示图像的应用已经非常广泛,然而,这种表示方法需要大量的数据(位数),为此人们试图采用新的表达方式以减少表示一幅图像所需的数据量,这就是图像压缩要解决的主要问题,图像压缩又称为图像编码。图像压缩涉及的内容很多,本章主要介绍图像压缩的基础知识,给出一些常用的图像编码算法,包括赫夫曼编码、香农-范诺编码和算术编码,并简单介绍预测编码和变换编码,以及图像压缩的国际标准,并以"基于赫夫曼图像压缩重建"这一案例为例,说明图像压缩技术的应用与系统设计,加深读者对图像压缩的认识。本章的内容框架图如图 7-1 所示。

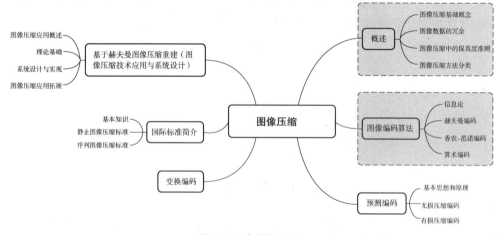

图 7-1 内容框架图

学习目标:了解图像压缩的基本概念,掌握常用的图像编码算法;了解不同类型的图像编码算法分类;掌握图像压缩的应用。

学习重点:掌握赫夫曼编码、香农-范诺编码和算术编码等常用的图像编码算法;能将图像压缩知识加以应用。

学习难点：赫夫曼编码、香农–范诺编码和算术编码等常用的图像编码算法的理解与应用。

7.1 概述

7.1.1 图像压缩基础概念

图像压缩也称为图像编码，是指以较少的比特有损或无损地表示原来的像素矩阵的技术。图像压缩从本质上来说就是对要处理的图像数据按照一定的规则进行变换和组合，从而达到以尽可能少的数据来表示尽可能多的数据信息的目的。图像压缩是通过编码来实现的，所以通常将压缩与编码统称为图像的压缩编码，减少存储空间、缩短传输时间是促进图像压缩编码技术发展的主导因素。

7.1.2 图像数据的冗余

虽然图像表示需要大量的数据，但是图像数据是高度相关的，或者说是存在冗余（Redundancy）信息的，去掉这些冗余信息可以有效压缩图像，同时又不会损失图像的有效信息。数字图像的冗余主要分为空间冗余、时间冗余、结构冗余、视觉冗余 4 种，下面将对其展开详细介绍。

（1）空间冗余：数字化图像中某个区域的颜色、亮度、饱和度等相同，则该区域里的像素点数据也是相同的，这样大量的重复像素数据就形成了空间冗余。空间冗余主要发生在单张图片中，一幅图像表面上各采样点的颜色之间往往存在着空间连贯性，如图 7-2 所示，两只老鼠的颜色、背后的墙、灰色的地板，颜色都是一样的，因此这些颜色相同的块就可以压缩。比如，第一行像素基本都一样，假设亮度值 Y 以 [105 105 105 … 105] 形式存储，如果共 100 个像素，则需要 1×100 个字节的存储空间。此时，最简单的压缩方式是将 [105 105 105 … 105] 写成 [105, 100]，表示接下来 100 个像素的亮度都是 105，那么只需要 2 个字节，就能表示整行数据了。

图 7-2 空间冗余

（2）时间冗余：视频的相邻帧往往包含相同的背景和移动物体，只是移动物体所在的空间位置略有不同，所以后一帧的数据与前一帧的数据有许多共同的地方，如果相邻帧记录了同一场景画面，这就表现为时间冗余。例如，人在说话时，发音是一个连续的渐变过程，因此在语音中这也是一种时间冗余。如图 7-3 所示，视频采用 1 s 播放 30 帧画面的播放速度，每一帧仅有 33 ms，在如此短暂的时间内，前后帧之间的变化很少，也许只有嘴巴发生微小的改变而已，这就形成了时间上的冗余。

图 7-3　时间冗余

（3）结构冗余：有些图像从大体上看存在着非常强的纹理结构，如草席图像，如图 7-4 所示，这就是图像结构上存在的冗余。

图 7-4　结构冗余

（4）视觉冗余：人类的视觉和听觉系统由于受到生理特征的限制，对于图像和声音信号的一些细微变化是感觉不到的，忽略这些变化后，信号仍然被认为是完好的，我们把这些超出人类视（听）觉范围的数据称为视（听）觉冗余。例如，人类视觉的一般分辨能力为 2^6 灰度等级，而一般图像的量化采用的是 2^8 灰度等级，即存在视觉冗余。

7.1.3　图像压缩中的保真度准则

在图像压缩中，为增加压缩率有时会放弃一些图像细节或其他不太重要的内容，所以在图像编码中解码图像与原始图像可能会不完全相同，在这种情况下常常需要用信息损失的测度来描述解码图像相对于原始图像的偏离程度（或者说需要测量图像质量的方法），这些测度一般称为保真度（逼真度）准则。常用的主要准则可分为两大类，一种是客观保真度准则；另一种是主观保真度准则。

（1）客观保真度准则：客观保真度准则将信息损失的多少表示为原始输入图像与压缩后又解压缩输出图像的函数。设两幅图像尺寸均为 $M \times N$，设 $f(i,j)(i=1,2,\cdots,N;j=1,2,\cdots,M)$ 为原始图像，$\hat{f}(i,j)(i=1,2,\cdots,N;j=1,2,\cdots,M)$ 为压缩后又还原的图像，则两幅图像之间的均方误差如式（7-1）所示，均方根误差如式（7-2）所示。

$$E_{\text{mse}} = \frac{1}{NM} \sum_{i=1}^{N} \sum_{j=1}^{M} [f(i,j) - \hat{f}(i,j)]^2 \tag{7-1}$$

$$E_{\text{rms}} = [E_{\text{mse}}]^{1/2} \tag{7-2}$$

令 $\bar{f} = \frac{1}{NM} \sum_{i=1}^{N} \sum_{j=1}^{M} f(i,j)$，两图像之间的均方信噪比如式（7-3）所示，基本信噪比如式（7-4）所示。

$$\text{SNR} = \frac{\sum_{i=1}^{N} \sum_{j=1}^{M} [f(i,j)]^2}{\sum_{i=1}^{N} \sum_{j=1}^{M} [f(i,j) - \hat{f}(i,j)]^2} \tag{7-3}$$

$$\text{SNR} = 10\lg \left[\frac{\sum_{i=1}^{N} \sum_{j=1}^{M} [f(i,j) - \bar{f}]^2}{\sum_{i=1}^{N} \sum_{j=1}^{M} [f(i,j) - \hat{f}(i,j)]^2} \right] \tag{7-4}$$

设 $f_{\text{max}} = 2^k - 1$，则两幅图像之间的峰值信噪比如式（7-5）所示。

$$\text{PSNR} = 10\lg \left[\frac{NMf_{\text{max}}^2}{\sum_{i=1}^{N} \sum_{j=1}^{M} [f(i,j) - \hat{f}(i,j)]^2} \right] \tag{7-5}$$

（2）主观保真度准则：客观保真度准则常因图而异，有时甚至不能反映视觉质量的实际情况，所以主观保真度准则是对一幅图像质量的最终评价，即通过视觉比较两个图像，给出一个定性的评价。例如，表 7-1 为电视图像质量评价尺度。

表 7-1　电视图像质量评价尺度

评分	评价	说明
6	优秀	图像质量非常好，如同人能想象出的最好质量
5	良好	图像质量高，观看舒服，有干扰但不影响观看
4	可用	图像质量可接受，有干扰但不太影响观看
3	刚可看	图像质量差，干扰有些妨碍观看，观察者希望改进
2	差	图像质量很差，妨碍观看的干扰始终存在，几乎无法观看
1	不能用	图像质量很差，不能使用

常用的主观保真度准则是选择一组评价者给待评价的图像进行打分，然后对这些主观打分进行平均获得一个主观评价分。设每一种得分为 C_i，每一种得分的评分人数为 n_i。平均感觉分 MOS 的主观评价可定义为

$$MOS = \frac{\sum\limits_{i=1}^{k} n_i C_i}{\sum\limits_{i=1}^{k} n_i} \qquad (7\text{-}6)$$

MOS 得分越高，解码后图像观感越好。

7.1.4　图像压缩方法分类

（1）根据压缩过程中是否存在信息损耗可分为无损压缩和有损压缩。

无损压缩（可逆编码）：无信息损失，解压缩时能够从压缩数据精确地恢复原始图像，信息保持编码的压缩率较低，一般不超过3∶1，主要应用在图像的数字存储方面，常用于医学图像编码中。

有损压缩（不可逆编码）：不能精确重建原始图像，存在一定程度的失真。保真度编码可以实现较大的压缩率，主要用于数字电视技术、静止图像通信、娱乐等方面。

（2）根据压缩原理可以分为熵编码、预测编码、变换编码和混合编码等，如图7-5所示。

（3）结合分形、模型基、神经网络、小波变换等数学工具，充分利用视觉系统生理心理特性和图像信源的各种特性完成图像压缩编码过程，如图7-6所示。

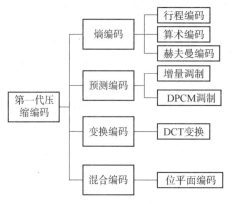

图 7-5　根据编码原理进行图像编码的分类

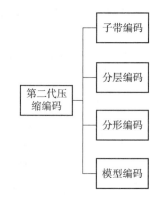

图 7-6　第二代压缩编码方法

7.2　图像编码算法

7.2.1　信息论

信源是产生各类信息的实体。信源给出的符号是不确定的，可用随机变量及其统计特性描述，虽说信息是抽象的，但信源是具体的。例如，人们交谈，人的发声系统就是语声信源；人们看书、读报，被光照的书和报纸本身就是文字信源；常见的信源还有图像信源、数字信源等。产生离散信息的信源称为离散信源，离散信源只能产生有限种符号，因此离散信源消息可以看成是一种有限个状态的随机序列。设一个离散信源 $X(x_1, x_2, \cdots,$ $x_N)$ ，其概率分布为 $\{p_1, p_2, \cdots, p_N\}$ ，满足 $\sum_{i=1}^{N} p_i = 1$ 。离散信源类型分为无记忆信源和有记忆信源两类，其中无记忆信源是指信源的当前输出与以前的输出是无关的；有记忆信源是指信源的当前输出与以前的 m 个输出是相关的。考虑无记忆信源 X ，某个信源符号 x_k ，如果它出现的概率是 p_k ，则其自信息量为

$$I(x_k) = \log_2 \frac{1}{p_k} = -\log_2 p_k \tag{7-7}$$

直观理解是，一个概率小的符号出现将带来更大的信息量。式中对数的底确定了测量信息的单位，若以 2 为底，即单位为比特（bit）。由 N 个符号集 X 构成的离散信源的每个符号的平均自信息量为

$$H(X) = -\sum_{i=1}^{N} p_i \log_2 p_i \tag{7-8}$$

式中： $H(X)$ ——信源熵（零阶熵），单位是"比特/符号"。

【例 7-1】 设 $X = \{a, b, c, d\}$ ， $p(a) = p(b) = p(c) = p(d) = 1/4$ ，则各信源符号的自信息量为
$$I(a) = I(b) = I(c) = I(d) = \log_2 4 = 2 \tag{7-9}$$

信源熵为

$$H(X) = 1/4 \times 2 + 1/4 \times 2 + 1/4 \times 2 + 1/4 \times 2 = 2 \tag{7-10}$$

编码方法： a ， b ， c ， d 用码字 00，01，10，11 来编码，每个符号用 2 个 bit，此时平均码长也是 2 bit。

【例 7-2】 设 $X = \{a, b, c, d\}$ ， $p(a) = 1/2$ ， $p(b) = 1/4$ ， $p(c) = 1/8$ ， $p(d) = 1/8$ ，则各信源符号的自信息量为
$$I(a) = \log_2 2 = 1, I(b) = \log_2 4 = 2, I(c) = I(d) = \log_2 8 = 3 \tag{7-11}$$

信源熵为

$$H(X) = 1/2 \times 1 + 1/4 \times 2 + 1/8 \times 3 + 1/8 \times 3 = 1.75 \tag{7-12}$$

此时，有如下两种编码方法。

（1） a ， b ， c ， d 分别用码字 00，01，10，11 来编码。

平均码长为

$$l_{avg} = 1/2 \times 2 + 1/4 \times 2 + 1/8 \times 2 + 1/8 \times 2 = 2 \tag{7-13}$$

此时，平均码长大于信源熵。

（2） a ， b ， c ， d 分别用码字 0，10，110，111 来编码。

平均码长为

$$l_{avg} = 1/2 \times 1 + 1/4 \times 2 + 1/8 \times 3 + 1/8 \times 3 = 1.75 \tag{7-14}$$

此时，平均码长等于信源熵。

【例 7-3】 设 $X = \{a, b, c, d\}$ ， $p(a) = 0.45$ ， $p(b) = 0.25$ ， $p(c) = 0.18$ ， $p(d) = 0.12$ ，则各信源符号的自信息量为
$$I(a) = 1.152, I(b) = 2, I(c) = 2.4739, I(d) = 3.0589 \tag{7-15}$$

信源熵为

$$H(X) = 0.45 \times 1.152 + 0.25 \times 2 + 0.18 \times 2.4739 + 0.12 \times 3.0589 = 1.8308 \tag{7-16}$$

用【例7-2】的第2种编码方法，平均码长1.85大于信源熵。

$$l_{avg} = 0.45 \times 1 + 0.25 \times 2 + 0.18 \times 3 + 0.12 \times 3 = 1.85 \tag{7-17}$$

根据以上3个例子可得4点启示。

（1）信源的平均码长 $I_{avg} \geq H(X)$，也就是说熵是无失真编码的下界。

（2）如果所有 $I(x_k)$ 都是整数，且 $I(x_i) = I(x_j)$ 则可以使平均码长等于熵。

（3）对非等概率分布的信源，采用不等长编码时，其平均码长小于等长编码的平均码长。

（4）当信源中各符号的出现概率相等时，信源熵值达到最大，这就是"最大离散熵定理"。

将离散信源熵扩展至图像的熵，以灰度级为$[0, L-1]$的图像为例，可以通过直方图得到各灰度级概率 $p_s(s_k)$（$k = 0, \cdots, L-1$），此时图像的熵为

$$\tilde{H} = -\sum_{i=0}^{L-1} p_s(s_i) \, \log_2 p_s(s_i) \tag{7-18}$$

一幅图像的熵是该图像的平均信息量，即图像中各灰度级比特数的统计平均值。假设各灰度级间相互独立，那么图像的熵是无失真压缩的下界。

7.2.2　熵编码算法

信息论给出无失真编码所需比特数的下限，为了逼近这个下限提出了一系列熵编码算法。熵编码是纯粹基于信号统计特性的编码技术，是一种无损编码，其基本原理是给出现概率较大的符号赋予一个短码字，而给出现概率较小的符号赋予一个长码字，从而使得最终的平均码长很小。常用的熵编码算法有赫夫曼（Huffman）编码，香农-范诺（Shannon-Fano）编码和算术编码，下面将对这些熵编码算法进行详细介绍。

7.2.2.1　赫夫曼（**Huffman**）编码

赫夫曼编码（Huffman Coding），又称霍夫曼编码，是可变字长编码的一种。赫夫曼编码是 Huffman 于1952年提出的一种编码方法，该方法完全依据字符出现的概率来构造异字头的平均长度最短的码字，有时称之为最佳编码。简单来说，由于图像中表示颜色的数据出现的概率不同，赫夫曼编码对于出现频率高的赋予较短字长的码，对出现频率低的赋予较长字长的码，从而减少总的代码量，但不减少总的信息量。编码步骤如下：

（1）初始化，根据符号出现概率的大小，按照由大到小的顺序对符号进行排序；

（2）把概率最小的两个符号组成一个节点P1；

（3）重复步骤（2），得到节点P2、P3和P4，形成一棵"树"，其中的P4称为根节点；

（4）从根节点P4开始到相应于每个符号的"树叶"，从上到下标上"0"（上枝）或者"1"（下枝），至于哪个为"1"哪个为"0"则无关紧要，最后的结果仅仅是分配的代码不同，但代码的平均长度是相同的；

（5）从根节点P4开始顺着树枝到每个叶子分别写出每个符号的代码。

假如有 A、B、C、D、E 5个字符，出现的频率（即权值）分别为5、4、3、2、1，那么我们第一步先取两个最小权值作为左右子树构造一个新树，即取1、2构成新树，其

节点为 1+2=3，虚线为新生成的节点，如图 7-7 所示。

第二步再把新生成的权值为 3 的节点放到剩下的集合中，所以集合变成{5,4,3,3}，再进行步骤（2），取最小的两个权值构成新树，如图 7-8 所示；再依次建立赫夫曼树，如图 7-9 所示；其中将叶子节点的各个权值替换对应的字符，即为图 7-10。

图 7-7　取最小权值构造新树

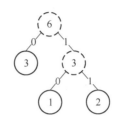

图 7-8　取剩余集合中最小的
两个权值构成新树

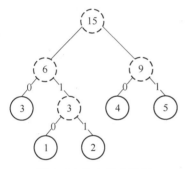

图 7-9　建立赫夫曼树

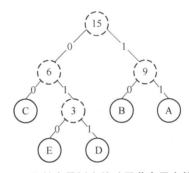

图 7-10　将赫夫曼树中的叶子节点用字符代替

所以，各字符对应的编码为，$A \rightarrow 11$，$B \rightarrow 10$，$C \rightarrow 00$，$D \rightarrow 011$，$E \rightarrow 010$。赫夫曼编码的带权路径权值=叶子节点的值×叶子节点的高度（根节点为 0），因此图 7-10 的带权路径长度为$(3+4+5) \times 2+(1+2) \times 3=33$，至此，完成赫夫曼编码全过程。

7.2.2.2　香农-范诺（Shannon-Fano）编码

和赫夫曼编码一样，香农-范诺编码也是用一棵二叉树对字符进行编码，但在实际操作中，因为香农-范诺编码与赫夫曼编码相比编码效率较低，或者说编码平均码字较大，所以香农-范诺编码没有很大用处。但香农-范诺编码的基本思路还是可以参考的，实际的算法也很简单，具体的编码步骤如下：

（1）对于一个给定的符号列表，按符号出现的概率从大到小排序；

（2）将符号列表分为两部分，使左边部分符号出现的总频率和尽可能接近右边部分符号出现的总频率和；

（3）为该列表的左半边分配二进制数字 0，右半边分配二进制数字 1，这意味着，处于左半部分列表中的符号都将从 0 开始编码，右半部分列表中的符号都将从 1 开始编码；

（4）对列表的左边、右边递归进行步骤（3）和步骤（4）的操作，细分群体，并添加位的代码，直到每个符号都成为一个相应的代码树的叶即可结束。

举例展示香农-范诺编码的编码过程：表 7-2 展示了一组字母的出现次数及出现概率，

并已经按照由大到小的顺序排列。

表7-2　各字母的出现次数及出现概率表

符号	A	B	C	D	E
次数	15	7	6	6	5
概率	0.384 615 38	0.179 487 18	0.153 846 15	0.153 846 15	0.128 205 13

在字母 B 与 C 之间划定分割线，得到了左右两组字母，左右两组字母的总出现次数分别为 22、17，这样的划分方式已经把两组的差别降到最小。通过这样的分割，A 与 B 同时拥有了一个以 0 开头的编码，C、D、E 则是以 1 开头的编码。随后，在树的左半边，于 A、B 间建立新的分割线，这样 A 就成了编码为 00 的叶子节点，B 的编码为 01，经过 4 次分割，得到一个树形编码。如表 7-3 所示，在最终得到的树中，拥有较大频率的符号为两位编码，其他两个频率较低的符号为三位编码。

表7-3　各字母最终编码表

符号	A	B	C	D	E
编码	00	01	10	110	111

根据 A、B、C 两位编码长度，D、E 的三位编码长度，最终的平均码字长度为

$$\frac{2\times(15+7+6)+3\times(6+5)}{39}\approx2.28 \tag{7-19}$$

7.2.2.3　算术编码

算术编码是一种无损数据压缩方法，也是一种熵编码的方法，和其他熵编码方法不同的地方在于，其他的熵编码方法通常是把输入的消息分割为符号，然后对每个符号进行编码，而算术编码将整个要编码的数据映射到一个位于 [0，1) 的实数区间中，利用这种方法算术编码可以让压缩率无限地接近数据的熵值，从而获得理论上的最高压缩率。算术编码用到两个基本的参数：信源符号的概率和它的编码间隔。信源符号的概率决定压缩编码的效率，也决定编码过程中符号的间隔，而这些间隔包含在 0~1 之间。编码过程中的间隔决定了符号压缩后的输出值区间。

算术编码可以是静态的或者自适应的。在静态算术编码中，信源符号的概率是固定的，而在自适应算术编码中，信源符号的概率根据编码时符号出现的频繁程度动态地进行修改。需要开发动态算术编码是因为事先知道精确的概率是很难的，而且是不切实际的，当压缩消息时，我们不能期待一个算术编码器获得最大的效率，所能做的最有效的方法是在编码过程中估算概率，因此动态建模就成为确定编码器压缩效率的关键。在自适应算术编码中，在编码开始时，各个符号出现的概率相同，都为 1/n，随着编码的进行再更新出现概率。

算术编码步骤如下。

（1）编码器在开始时将"当前间隔" [L，H) 设置为 [0，1)。

（2）对每一个输入事件，编码器按下面的步骤进行处理：

①编码器将"当前间隔"分为若干个子间隔，每一个事件一个子间隔，一个子间隔的大小与将出现的事件的概率成正比；

②编码器选择与下一个发生事件相对应的子间隔，并使它成为新的"当前间隔"。

（3）最后输出的"当前间隔"的下边界就是该给定事件序列的算术编码。

在算术编码中需要注意以下几个问题。

（1）由于实际计算机的精度不可能无限长，运算中出现溢出是一个不可避免的问题，但多数机器都有 16 位、32 位或者 64 位的精度，因此这个问题可以使用比例缩放方法解决。

（2）算术编码器对整个消息只产生一个码字，这个码字是在间隔 [0，1) 中的一个实数，因此译码器在接收到表示这个实数的所有位之前不能进行译码。

（3）算术编码是一种对错误很敏感的编码方法，如果有一位发生错误就会导致整个消息译错。

下面列举两个例子分别展示静态算术编码和自适应算术编码的编码过程。

【例 7-4】　在静态算术编码中，假设信源符号为 {A，B，C，D}，这些符号的概率分别为 {0.1，0.4，0.2，0.3}，根据这些概率可把间隔 [0，1) 分成 4 个子间隔：[0，0.1)，[0.1，0.5)，[0.5，0.7)，[0.7，1)，其中 $[x,y)$ 表示半开放间隔，即包含 x 不包含 y。将题目信息整合为表 7-4。

表 7-4　信源符号、概率和初始编码间隔

符号	A	B	C	D
概率	0.1	0.4	0.2	0.3
初始编码间隔	[0，0.1)	[0.1，0.5)	[0.5，0.7)	[0.7，1)

如果二进制消息序列的输入为 CADACDB。编码时首先输入的符号是 C，找到它的编码范围是 [0.5，0.7)；由于消息中第 2 个符号 A 的编码范围是 [0，0.1)，因此它的间隔就取 [0.5，0.7) 的第 1 个 1/10 作为新间隔 [0.5，0.52)；依此类推，编码第 3 个符号 D 时取新间隔为 [0.514，0.52)，编码第 4 个符号 A 时取新间隔为 [0.514，0.514 6)，…。消息的编码输出可以是最后一个间隔中的任意数。整个编码过程如图 7-11 所示。

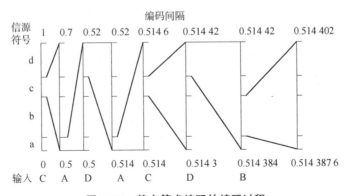

图 7-11　静态算术编码的编码过程

取一个 0.514 387 6~0.514 402 之间的数 0.514 387 6，将十进制小数转换为二进制，此时，(0.514 387 6) D≈ (0.100 000 1) B，去掉小数点和前面的 0，得 1000001，所以 CADACDB 的编码为 1000001，长度为 7。编码和译码的全过程如表 7-5 和表 7-6 所示。

表 7-5 编码过程

步骤	输入符号	编码间隔	编码判决
1	C	[0.5, 0.7)	符号的间隔范围 [0.5, 0.7)
2	A	[0.5, 0.52)	[0.5, 0.7) 间隔的第 1 个 1/10
3	D	[0.514, 0.52)	[0.5, 0.52) 间隔的第 8~10 个 1/10
4	A	[0.514, 0.514 6)	[0.514, 0.52) 间隔的第 1 个 1/10
5	C	[0.514 3, 0.514 42)	[0.514, 0.514 6) 间隔的第 6~7 个 1/10
6	D	[0.514 384, 0.514 42)	[0.514 3, 0.514 42) 间隔的第 8~10 个 1/10
7	B	[0.514 387 6, 0.514 402)	[0.514 384, 0.514 42) 间隔的第 2~5 个 1/10
8	从 [0.514 387 6, 0.514 402) 中选择一个数作为输出：0.514 387 6		

表 7-6 译码过程

步骤	间隔	译码符号	译码判决
1	[0.5, 0.7)	C	0.514 387 6 在间隔 [0.5, 0.7)
2	[0.5, 0.52)	A	0.514 387 6 在间隔 [0.5, 0.7) 的第 1 个 1/10
3	[0.514, 0.52)	D	0.514 387 6 在间隔 [0.5, 0.52) 的第 8 个 1/10
4	[0.514, 0.5146)	A	0.514 387 6 在间隔 [0.514, 0.52) 的第 1 个 1/10
5	[0.514 3, 0.514 42)	C	0.514 387 6 在间隔 [0.514, 0.514 6) 的第 7 个 1/10
6	[0.514 384, 0.514 42)	D	0.514 387 6 在间隔 [0.514 3, 0.514 42) 的第 8 个 1/10
7	[0.514 387 6, 0.514 402)	B	0.514 387 6 在间隔 [0.514 384, 0.514 442) 的第 2 个 1/10
8	译码的消息：C A D A C D B		

【例 7-5】 在自适应算术编码中,假设一份数据由 A、B、C 3 个符号组成，现在要编码数据BCCB，编码过程如图 7-12 所示。

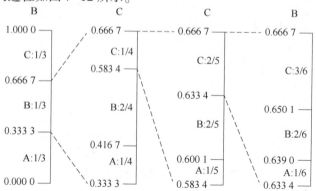

图 7-12 自适应算术编码的编码过程

（1）算术编码从区间［0，1）开始，这时 3 个符号的概率都是 1/3，按照这个概率分割区间。

（2）第 1 个输入的符号是 B，所以我们选择子区间［0.333 3，0.666 7）作为下一个区间。

（3）输入 B 后更新概率，根据新的概率对区间［0.333 3，0.666 7）进行分割。

（4）第 2 个输入的符号是 C，选择子区间［0.583 4，0.666 7）。

（5）以此类推，根据输入的符号继续更新频度、分割区间、选择子区间，直到符号全部编码完成。

最后得到的区间是［0.639 0，0.650 1），输出属于这个区间的一个小数，如 0.64。那么经过算术编码的压缩，数据 BCCB 最后输出的编码就是 0.64。

算术编码进行解码时仅输入一个小数，整个过程相当于编码时的逆运算。解码过程如下。

（1）解码前首先需要对区间［0，1）按照初始时的符号频度进行分割，然后观察输入的小数位于哪个子区间，输出对应的符号。

（2）之后选择对应的子区间，然后从选择的子区间中继续进行下一轮的分割。

（3）不断地进行这个过程，直到所有的符号都解码出来。

在本例中，输入的小数是 0.64。

（1）初始时 3 个符号的概率都是 1/3，按照这个概率分割区间。

（2）根据上图可以发现 0.64 落在子区间［0.333 3，0.666 7）中，于是可以解码出 B，并且选择子区间［0.333 3，0.666 7）作为下一个区间。

（3）输出 B 后更新频度，根据新的概率对区间［0.333 3，0.666 7）进行分割。

（4）这时 0.64 落在子区间［0.583 4，0.666 7）中，于是可以解码出 C。

（5）按照上述过程进行，直到所有的符号都解码出来。

可见，只需要一个小数就可以完整还原出原来的所有数据。

7.3　预测编码

7.3.1　基本思想和原理

预测编码是根据离散信号之间存在着一定关联性的特点，利用前面一个或多个信号预测下一个信号，然后对实际值和预测值的差（预测误差）进行编码。如果预测比较准确，误差就会很小，在同等精度要求的条件下，就可以用比较少的比特进行编码，达到压缩数据的目的。

利用以往的样本值对新样本值进行预测，将新样本值的实际值与其预测值相减，得到误差值，对该误差值进行编码，传送此编码即可。理论上数据源可以准确地用一个数学模型表示，使其输出数据总是与模型的输出一致，因此可以准确地预测数据，但是实际上预测器不可能找到如此完美的数学模型；预测本身不会造成失真。误差值的编码可以采用无损压缩编码或有损压缩编码。

7.3.2 无损压缩编码

无损压缩编码的基本原理是相同的颜色信息只需保存一次。压缩图像的软件首先会确定图像中哪些区域是相同的，哪些是不同的。有重复数据的图像（如蓝天）就可以被压缩，只有蓝天的起始点和终结点需要被记录下来。但是蓝色可能还会有不同的深浅，天空有时也可能被树木、山峰或其他的对象遮盖，这些就需要另外记录。从本质上看，无损压缩编码可以删除一些重复数据，大大减少要在磁盘上保存的图像尺寸。但是，无损压缩编码并不能减少图像的内存占用量，这是因为，当从磁盘上读取图像时，软件又会把丢失的像素用适当的颜色信息填充进来。如果要减少图像占用内存的容量，就必须使用有损压缩编码。无损压缩编码的优点是能够比较好地保存图像的质量，但是压缩率比较低。如果需要把图像用高分辨率的打印机打印出来，最好还是使用无损压缩编码。

7.3.3 有损压缩编码

有损压缩编码是通过牺牲图像的准确率来达到加大压缩率的目的，如果我们容忍解压缩后的结果中有一定的误差，那么压缩率可以显著提高。在图像压缩率大于 30∶1 时，仍然能够重构图像；在图像压缩率为 10∶1~20∶1 时，重构图像与原图几乎没有差别；无损压缩编码的压缩率很少有超过 3∶1 的。这两种压缩方法的根本差别在于有无量化模块。

在无损模型上加一个量化器就构成有损预测编码系统，即 DPCM 系统。该量化器将预测误差映射成有限范围内的输出，表示为 e_n。量化器决定了压缩率和失真量，即整个编码系统的失真来源于量化器 $\dot{f}_n$，$\dot{f}_n$ 的反馈环的输入是过去预测函数和对应的量化误差之和：$\dot{f}_n=\dot{e}_n+\hat{f}_n$。

7.4 变换编码

变换编码不是直接对空间域图像信号进行编码，而是首先将空间域图像信号映射变换到另一个正交矢量空间（变换域或频域），产生一批变换系数，然后对这些变换系数进行编码处理。变换编码是一种间接编码方法，其关键问题是在时域或空间域描述时，可使数据之间相关性大，数据冗余度大，经过变换在变换域中描述，可使数据相关性大大减少，数据冗余量减少，参数独立，数据量少，这样再进行量化，编码就能得到较大的压缩率。典型的准最佳变换有离散余弦变换（Discrete Cosine Transform, DCT）、离散傅里叶变换（Discrete Fourier Transform, DFT）、沃尔什－阿达玛变换（Walsh Hadamard Transform, WHT）、哈尔变换（Haar Transform, HrT）等。其中，最常用的是离散余弦变换。

7.5 国际标准简介

7.5.1 基本知识

制定图像标准的国际组织主要有以下 3 个：

（1）国际标准化组织（International Standardization Organization，ISO）；

（2）国际电信联盟（International Telecommunication Union，ITU）；

（3）国际电信联盟的前身国际电话电报咨询委员会（Consultative Committee of the International Telephone and Telegraph，CCITT）。

7.5.2 静止图像压缩标准

用于静止图像数据压缩的编码算法为 JPEG（Joint Photographic Expert Group）算法，它是一种用于静止图像压缩的国际标准，其应用有效地促进了静止图像的传递、存储的发展。本书不做详细阐述，若有需要，可自行了解。

7.5.3 序列图像压缩标准

（1）H. 26X 标准：即 H. 261 \ H. 263 标准，是由 CCITT 制定的，CCITT 位于瑞士的日内瓦，现在被称为 IYU-T（国际标准化组织电讯标准化分部），是世界上主要的制定和推广电信设备和系统标准的国际组织。

（2）MPEG 标准：是由国际标准化组织（ISO）和国际电工委员会（IEC）联合成立的专家组开发的一套标准，这个开发组主要负责开发电视图像数据和声音数据的编码、解码和它们的同步等标准。MPEG 标准主要包括 MPEG 视频、MPEG 音频和 MPEG 系统（视音频同步）3 个部分。MPEG 标准是针对运动图像而设计的，其平均压缩率可达 50∶1，压缩率比较高，且又有统一的格式，兼容性比较好。MPEG 标准阐明了声音和电视图像的编码和解码过程，严格规定了声音和图像数据编码后组成比特流的句法，提供了解码器的测试方法等。

（3）AVS 标准：是中国自主制定的音视频编码技术标准，之所以要制定这样的标准，很大原因是 MPEG 标准是有专利收费的。AVS 标准主要面向高清晰度电视、高密度光存储媒体等应用中的视频压缩。2002 年正式成立数字音视频编解码技术标准工作组，2006 年 3 月 1 日正式开始实行。

7.6 图像压缩技术应用与系统设计

7.6.1 图像压缩技术概述

图像压缩技术是图像处理相关问题中的基础问题之一，也是近年来学术界研究的热点问题。因为高质量的原始图片所含信息量非常大，并且存在大量的冗余信息，所以数字图像的压缩具有比较广阔的前景。尽管目前的存储设备的成本不断下降，但是随着互联网的普及，对于图像高比率压缩的需求一直存在。

一幅普通的未经压缩的图像可能需要几兆字节的存储空间，一个时长仅为 1 s 的未经压缩的视频文件所需的存储空间甚至能达到上百兆字节，这给普通计算机的存储空间和常用网络的传输带宽带来了巨大的压力。静止图像是不同媒体的构建基础，对其进行压缩不仅是各种媒体压缩和传输的基础，其压缩效果也是影响媒体压缩效果的关键因素。基于这种考虑，本案例主要研究静止图像的压缩技术。

本节以"基于赫夫曼图像压缩重建"这一案例为例，采用基于赫夫曼压缩及解压缩的流程来执行拼接操作，实验载入图片文件夹作为待压缩对象，通过进行图片赫夫曼压缩、解压缩并通过显示对比来检验压缩效果，最后通过计算 PSNR 值来对比赫夫曼压缩的效果。"基于赫夫曼图像压缩重建"一方面形象地展示了图像压缩技术；另一方面，不同功能的系统有不同的实现模块，需具体问题具体分析，但该部分的实验实现思路可供参考。

7.6.2 理论基础

赫夫曼编码完全依据字符出现的概率来构造异字头的平均长度最短的码字，称之为最佳编码。赫夫曼编码将使用次数较多的代码用较短的编码代替，将使用次数较少的代码用较长的编码代替，并且确保编码的唯一可解性。其根本原则是压缩编码的长度（即字符的统计数字×字符的编码长度）最小，也就是权值和最小。

赫夫曼编码是一种无损压缩方法，其一般算法如下。

（1）符号概率：统计信源中各符号出现的概率，按符号出现的概率从大到小排序。

（2）合并概率：提取最小的两个概率并将其相加，合并成新的概率，再将新概率与剩余的概率集合。

（3）更新概率：将合并后的概率集合重新排序，再次提取其中最小的两个概率，相加得到新的概率进而组成新的概率集合。如此重复进行，直到剩余最后两个概率之和为 1。

（4）分配码字：分配码字从最后一步开始逆向进行，对于每次相加的两个概率，大概率赋 0，小概率赋 1，当然也可以反过来赋值，即大概率赋 1，小概率赋 0；特别地，如果两个概率相等，则从中任选一个赋 0，另一个赋 1。依次重复该步骤，从第一次赋值开始进入循环处理，直到最后的码字概率和为 1 时结束。将中间过程中所遇到的 0 和 1 按从最低位到最高位的顺序排序，就得到了符号的赫夫曼编码。

赫夫曼编码是最佳的变长编码，其特点如下。

（1）可重复性：赫夫曼编码不唯一。

（2）效率差异性：赫夫曼编码对于不同的信源往往具有不同的编码效率。

（3）不等长性：赫夫曼编码的输出内容不等长，因此给硬件实现带来一定的困难，也在一定程度上造成了误码传播的严重性。

（4）信源依赖性：赫夫曼编码的运行效率往往要比其他编码算法高，是最佳的变长编码，但是，赫夫曼编码以信源的统计特性为基础，必须先统计信源的概率特性才能编码，因此对信源具有依赖性，这也在一定程度上限制了赫夫曼编码的实际应用。

7.6.3 系统设计与实现

7.6.3.1 设计图形用户界面（GUI）

为提高赫夫曼压缩及解压缩前后的图像对比效果，可设计 GUI 窗体，载入图片文件并进行显示，执行赫夫曼压缩、解压缩的操作流程。软件通过菜单来关联相关功能模块，包括文件载入、压缩算法选择等；通过加入图像显示模块来对压缩前后的图像进行直观对比；通过压缩文本区来显示压缩过程中所产生的详细信息。为了能有效地进行不同的实验，在程序启动及载入图像时，均自动调用窗体初始化函数，用于清理坐标显示区域的图像等信息，避免之前的实验产生干扰。

7.6.3.2 压缩重构

基于赫夫曼编码的压缩属于无损压缩编码，其程序实现的基本思想如下。

（1）频次统计：输入一个待编码的向量，这里简称为串，统计串中各字符出现的次数，称之为频次。假设串中含有 n 个不同的字符，统计频次的数组为 count [ ]，则赫夫曼编码每次找出 count [ ] 数组中最小的两个值分别作为左、右孩子节点，建立其父节点。

（2）循环建树：通过循环进行频次统计操作，构建赫夫曼树。在建赫夫曼树的过程中首先把 count [ ] 数组内的 n 个值初始化为赫夫曼树的 n 个叶子节点，且将孩子节点的标号初始化为-1，父节点则初始化为其本身的标号。

（3）循迹编码：选择赫夫曼树的叶子节点作为起点，依次向上查找。假设当前的节点标号是 i，那么其父节点是 Huffmantree [i] . parent，满足如下条件：如果 i 是 Huffmantree [i] . parent 的左孩子节点，则该节点的路径为 0；如果 i 是 Huffmantree [i] . parent 的右孩子节点，则该节点的路径为 1。在循环过程中，如果向上查找得到某节点的父节点标号就是其本身，则说明该节点已经是根节点，进而停止查找。此外，在查找当前权值最小的两个节点时，父节点不是其本身节点的已经被查找过，因此可以直接略过，减少程序的冗余消耗。

7.6.3.3 效果对比

为了检验对图片进行赫夫曼压缩及解压缩的效果，可编写程序计算压缩率及 PSNR 值，用于表示压缩效果。压缩结果表明，赫夫曼图像压缩可以在无损的前提下有效地进行图像的编解码，具有良好的压缩率，解压缩后的图像与原始图像相比也具有较高的 PSNR 值，可以有效地节省图像在传输、存储等过程中所需要的资源消耗，提高图像处理的效率。

7.6.4 图像压缩应用拓展

随着网络信息技术的飞速发展，信息高效快速地传输已经变得越来越重要，而传输信息就需要先经过编码，然后译码。因此，编码技术的提高对整个信息产业的发展具有举足轻重的作用。在无损压缩编码方面，赫夫曼编码具有最佳编码的美誉；在有损压缩编码方面，预测编码和变换编码也各有所长。因此，对于不同的应用场景可以根据所处理对象和系统要求选择不同的编码算法，提高算法的适用性。本节以"基于赫夫曼图像压缩重建"这一案例进行了详细解析，对于类似系统，可参照此案例设计并实现。

7.7 习题

选择

1. 下列数据冗余方式中，由于像素相关性而产生的冗余方式为（　　）。

A. 编码冗余　　　　　B. 像素间冗余　　　　　C. 心理视觉冗余　　　　　D. 计算冗余

2. 下列因素中与客观保真度有关的是（　　）。

A. 输入图与输出图之间的误差　　　　　B. 输入图与输出图之间的均方根误差

C. 压缩图与解压缩图的视觉质量　　　　　D. 压缩图与解压缩图的信噪比

3. 除去视觉冗余的过程是（　　）。

A. 无损可逆的（如电视广播中的隔行扫描）

B. 有损不可逆的（如电视广播中的隔行扫描）

C. 无损可逆的（如用变长码进行编码）

D. 有损不可逆的（如用变长码进行编码）

4. 在对图像编码前，常将二维像素矩阵表达形式进行转换（映射）以获得更有效的表达形式，这种转换（　　）。

A. 减少了像素间冗余

B. 可反转，也可能不可反转

C. 压缩了图像的动态范围

D. 与电视广播中隔行扫描消除的是同一种数据冗余

填空

1. 图像压缩是通过改变图像的描述方式，将数据中的_____去除，由此达到压缩数据量的目的。

2. 图像的保真度准则主要有_____保真度准则和_____保真度准则。

3. 图像压缩的国际标准有_____、_____、_____和_____。

4. 衡量图像压缩的客观保真度性能指标有_____。

简答

1. 图像压缩的基本原理是什么？数字图像的冗余有哪几种表现形式？

2. 简述图像压缩方法的分类及其各自的特点。

3. 数据没有冗余度能否压缩？为什么？

4. 如何衡量图像编码压缩方法的性能？

5. 大部分视频压缩方法是有损压缩编码还是无损压缩编码？为什么？

6. 赫夫曼编码有何优缺点？

7. 设 n_1 和 n_2 分别为原始图像的数据容量和图像压缩后的数据容量，写出通过 n_1 和

n_2 分别定义的图像压缩率和冗余度，并说明 n_1 和 n_2 大小不同，分别对压缩率和冗余度取值的影响和压缩效果的影响。

8. 设符号 a_1，a_2，a_3，a_4，a_5，a_6，a_7 在某个图像中出现的概率分别为 1.16，0.4，0.12，0.04，0.02，0.2，0.06。

（1）用赫夫曼编码构造该编码的树结构图（其中，概率小的赋 0，概率大的赋1）；

（2）分别求出符号信源的熵、平均码长、编码的效率、压缩率和冗余度。

9. 对表 7-7 中的信源符号进行赫夫曼编码，并计算其冗余度和压缩比。

表 7-7　信源符号和概率

信源符号	a_1	a_2	a_3	a_4	a_5	a_6
概率	0.1	0.4	0.06	0.1	0.04	0.3

第8章

图像分割

图像分割就是把图像分成若干个特定的、具有独特性质的区域，并提取出目标的技术和过程。图像分割是由图像处理到图像分析的关键步骤。本章将详细介绍阈值分割、边缘检测和区域分割，并以"高铁钢轨表面缺陷图像分割系统"的设计与实现为例，说明图像分割技术的应用与系统设计，加深读者对图像分割的认识。本章的内容框架图如图 8-1 所示。

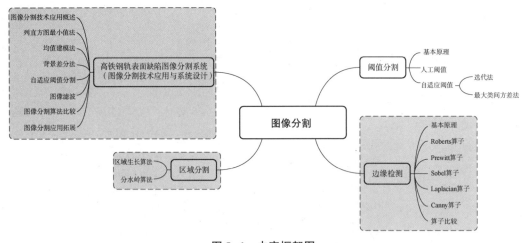

图 8-1　内容框架图

学习目标：掌握图像分割的思想及策略；理解阈值分割、边缘检测和区域分割的基本思想和方法；掌握图像分割的应用。

学习重点：掌握图像的边缘检测方法；能将图像分割知识加以应用。

学习难点：边缘检测的原理方法和应用。

8.1　概述

图像分割指的是根据灰度、颜色、纹理和形状等特征把图像划分成若干互不交叠的区域，并使这些特征在同一区域内呈现出相似性，而在不同区域间呈现出明显的差异性。现有的图像分割方法主要包括基于阈值的分割方法、基于边缘的分割方法和基于区域的分割方法 3 种。

1）基于阈值的分割方法

阈值法的基本思想是基于图像的灰度特征来计算一个或多个灰度阈值，并将图像中每个像素的灰度值与阈值相比较，最后将像素根据比较结果分到合适的类别中。因此，该类方法最为关键的一步就是按照某个准则函数来求解最佳灰度阈值。在本章第 2 节会对阈值分割算法做详细介绍。

2）基于边缘的分割方法

边缘是指图像中两个不同区域的边界线上连续的像素点的集合，是图像局部特征不连续性的反映，体现了灰度、颜色、纹理等图像特性的突变。通常情况下，基于边缘的分割方法指的是基于灰度值的边缘检测，在本章第 3 节会对边缘检测算法做详细介绍。

3）基于区域的分割方法

基于区域的分割方法是将图像按照相似性准则分成不同的区域，主要包括区域生长法、分水岭法等几种类型，在本章第 4 节会对区域分割算法做详细介绍。

8.2　阈值分割

8.2.1　基本原理

阈值分割是常见的根据图像像素的灰度值的不同直接对图像进行分割的算法。对于单一目标图像，只需选取一个阈值即可将图像分为目标和背景两大类，这称为单阈值分割；如果目标图像复杂，需选取多个阈值才能将图像中的目标区域和背景分割成多个，则称为多阈值分割。阈值分割的显著优点是成本低廉且实现简单，当目标和背景区域的像素的灰度值或其他特征存在明显差异时，该算法能非常有效地实现对图像的分割。阈值分割方法的关键是如何取得一个合适的阈值，下面分人工阈值和自适应阈值方法简要说明图像分割过程中阈值的选取方法。

8.2.2　人工阈值

人工阈值是我们自己根据图像处理的先验知识，对图像中的目标与背景进行分析，通过对像素的判断，选择出阈值所在的区间，并通过实验对比，最后选择出较好的阈值。这种方法虽然能用，但是效率较低且不能自动实现阈值的选取，仅仅可用于包含较少样本图片的阈值选取过程。

8.2.3 自适应阈值

自适应阈值的实质是局部阈值法，其思想不是计算全局图像的阈值，而是根据图像不同区域的亮度分布，计算其局部阈值，即能够自适应计算图像不同区域的阈值。

8.2.3.1 迭代法

迭代法首先选择一个阈值作为初始估计值，然后再通过对图像的多趟计算对阈值进行改进直到满足给定的准则为止。迭代过程的关键在于阈值改进策略的选择。好的阈值改进策略应该具备两个特征，一是能够快速收敛；二是在每一个迭代过程中，新产生的阈值优于上一次的阈值。迭代法的具体处理流程如下：

（1）选取一个初始估计值 T；

（2）用 T 分割图像，生成两组像素集合，G_1 由所有灰度值大于 T 的像素组成，而 G_2 由所有灰度值小于或等于 T 的像素组成；

（3）对 G_1 和 G_2 中所有像素计算平均灰度值 u_1 和 u_2；

（4）计算新的阈值 $T = 1/2\ (u_1 + u_2)$。

重复步骤（2）～（4），直到得到的 T 值小于一个事先定义的参数 T 后停止循环。

8.2.3.2 最大类间方差法

最大类间方差法，又称 Otsu 算法，其基本原理是选取最佳阈值将图像的灰度值分割成背景和前景两部分，使两部分之间的方差最大，即具有最大的分离性。该算法是在灰度直方图的基础上采用最小二乘法原理推导出来的，被认为是图像分割中阈值选取的最佳算法，该算法计算简单，不受图像亮度和对比度的影响，因此在数字图像处理上得到了广泛的应用。其缺点是对图像噪声比较敏感，并且只能针对单一目标进行分割，当目标和背景大小比例悬殊，类间方差函数可能呈现双峰或者多峰，此时效果不好。具体的最大类间方差法处理流程如下。

记 T 为前景与背景的分割阈值，前景点数占图像比例为 w_0，平均灰度为 μ_0；背景点数占图像比例为 w_1，平均灰度为 μ_1，图像的总平均灰度为 μ，前景和背景图像的方差为 g，则有

$$w_0 + w_1 = 1 \tag{8-1}$$

$$\mu = w_0 \mu_0 + w_1 \mu_1 \tag{8-2}$$

$$g = w_0\ (\mu_0 - \mu)^2 + w_1\ (\mu_1 - \mu)^2 \tag{8-3}$$

化简得

$$g = w_0 w_1\ (\mu_0 - \mu_1)^2 \tag{8-4}$$

当方差 g 最大时，可以认为此时前景和背景差异最大，此时的灰度 T 是最佳阈值。

8.3 边缘检测

8.3.1 基本原理

边缘存在于目标、背景和区域之间，指其周围像素灰度急剧变化的像素集合，是图像

最基本的特征。边缘检测是所有基于边缘的分割方法的第 1 步，一般常用一阶导数和二阶导数检测边缘。

图 8-2 是几幅典型的示意图像，第 1 排是具有边缘的图像示例，第 2 排是沿图像水平方向的一个剖面图，第 3 和第 4 排分别为剖面的一阶和二阶导数图像。由于采样，数字图像中的边缘总有一些模糊，所以这里垂直上下的边缘剖面都表示成有一定的坡度。

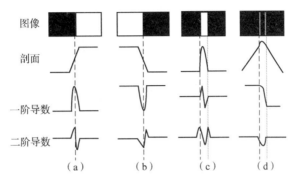

图 8-2　几幅典型的示意图像

（a）阶梯状 1；（b）阶梯状 2；（c）脉冲状；（4）屋顶状

由图 8-2 可得，常见的边缘剖面有以下 3 种。

（1）阶梯状：如图 8-2（a）（b）所示，阶梯状的边缘处于图像中两个具有不同灰度值的相邻区域之间。

（2）脉冲状：如图 8-2（c）所示，脉冲状主要对应细条纹的灰度值突变区域，可以看作图 8-2（a）（b）的两个阶梯状相向靠得很近时的情况。

（3）屋顶状：如图 8-2（d）所示，屋顶状的边缘上升下降沿都比较缓慢，可以看作是图 8-2（c）的脉冲坡度变小的情况。

图 8-2（a）中，对灰度值剖面的一阶导数在图像由暗变明的位置处有一个向上的阶跃，而在其他位置均为 0，这表明可以用一阶导数的幅度值来检测边缘的存在，幅度峰值一般对应边缘位置；对灰度值剖面的二阶导数在一阶导数的阶跃上升区有一个向上的脉冲，而在一阶导数的阶跃下降区有一个向下的脉冲，在这 2 个阶跃之间有一个过零点，它的位置正对应原图像中边缘的位置，所以可用二阶导数的过零点检测边缘位置，用二阶导数在过零点附近的符号确定边缘像素在图像边缘的明区或暗区。分析图 8-2（b）（c）（d）可以得出相似的结论。

通过以上分析可得，边缘通常可以通过一阶导数或二阶导数检测得到，一阶导数是以幅度峰值作为对应的边缘的位置，而二阶导数则以过零点作为对应边缘的位置。边缘检测算子可以分为以下两类。

（1）一阶导数的边缘算子：将模板作为核与图像的每个像素点做卷积和运算，然后选取合适的阈值来提取图像的边缘，常见的有 Roberts 算子、Prewitt 算子和 Sobel 算子。

（2）二阶导数的边缘算子：依据二阶导数过零点来检测边缘，常见的有 Laplacian 算子和 Canny 算子。

下面对以上两类边缘检测算子展开详细介绍。

8.3.2 Roberts 算子

Roberts 算子又称为交叉微分算法，它是基于交叉差分的梯度算法，通过局部差分计算检测边缘线条，常用来处理具有陡峭的低噪声的图像，其缺点是对边缘的定位不太准确，提取的边缘线条较粗。Roberts 算子的模板由两个组成，分为水平方向和垂直方向，如式（8-5）和式（8-6）所示，从其模板可以看出，Roberts 算子能较好地增强±45°的图像边缘。

$$G_x = \begin{bmatrix} -1 & 0 \\ 0 & 1 \end{bmatrix} \tag{8-5}$$

$$G_y = \begin{bmatrix} 0 & -1 \\ 1 & 0 \end{bmatrix} \tag{8-6}$$

式（8-5）求得梯度的第 1 项，式（8-6）求得梯度的第 2 项，然后求和，得到梯度，如将 Roberts 算子模板应用于图 8-3 中的图像模板，可得式（8-7），即

$$\nabla f = |P_9 - P_5| + |P_8 - P_6| \tag{8-7}$$

图 8-3　图像模板

对于输入图像 $f(x,y)$，使用 Roberts 算子后输出的目标图像为 $g(x,y)$，则

$$g(x,y) = |f(x+1,y+1) - f(x,y)| + |f(x,y+1) - f(x+1,y)| \tag{8-8}$$

图 8-4 是 Roberts 算子处理图像前后的效果对比，由图可知，Roberts 算子可检测到图像的大致边缘。

（a）　　　　　　　　　　（b）

图 8-4　Roberts 算子处理图像前后的效果对比

（a）原始图像；（b）Roberts 算子处理后的图像

8.3.3 Prewitt 算子（平均差分）

Prewitt 算子的原理是利用特定区域内像素的灰度值产生的差分实现边缘检测。Prewitt 算子采用 3×3 模板对区域内的像素值进行计算，Prewitt 算子模板如式（8-9）和式（8-10）所示，Prewitt 算子适合用来识别噪声较多、灰度渐变的图像。

$$G_x = \begin{bmatrix} -1 & -1 & -1 \\ 0 & 0 & 0 \\ 1 & 1 & 1 \end{bmatrix} \qquad (8-9)$$

$$G_y = \begin{bmatrix} -1 & 0 & 1 \\ -1 & 0 & 1 \\ -1 & 0 & 1 \end{bmatrix} \qquad (8-10)$$

将 Prewitt 算子模板应用于图 8-5 中的图像模板，可得式（8-11），即

$$\nabla f = |(P_7+P_8+P_9)-(P_1+P_2+P_3)| + |(P_3+P_6+P_9)-(P_1+P_4+P_7)| \qquad (8-11)$$

P_1	P_2	P_3
P_4	P_5	P_6
P_7	P_8	P_9

图 8-5　图像模板

对于输入图像 $f(x,y)$，使用 Prewitt 算子后输出的目标图像为 $g(x,y)$，则

$$g(x,y) = \left| \begin{matrix} [f(x-1,y+1)+f(x,y+1)+f(x+1,y+1)] \\ -[f(x-1,y-1)+f(x,y-1)+f(x+1,y-1)] \end{matrix} \right| + \left| \begin{matrix} [f(x+1,y-1)+f(x+1,y)+f(x+1,y+1)] \\ -[f(x-1,y-1)+f(x-1,y)+f(x-1,y+1)] \end{matrix} \right| \qquad (8-12)$$

图 8-6 是 Prewitt 算子处理图像前后的效果对比，由图可知，Prewitt 算子对灰度渐变的图像边缘提取效果较好。此外，由于 Prewitt 算子采用 3×3 模板对区域内的像素值进行计算，而 Roberts 算子的模板为 2×2，故 Prewitt 算子的边缘检测结果在水平方向和垂直方向均比 Roberts 算子更加明显。

（a）　　　　　　　　　　　（b）

图 8-6　Prewitt 算子处理图像前后的效果对比

（a）原始图像；（b）Prewitt 算子处理后的图像

8.3.4　Sobel 算子（加权平均差分）

Sobel 算子是一种用于边缘检测的离散微分算子，该算子根据图像边缘旁边的明暗程度把该区域内超过某个数的特定点记为边缘，Sobel 算子在 Prewitt 算子的基础上增加了权重的概念，认为相邻点的距离远近对当前像素点的影响是不同的，距离越近的像素点对当

前像素的影响越大，从而实现图像锐化并突出边缘轮廓。Sobel 算子根据像素点上下、左右邻点灰度加权差在边缘处达到极值这一现象检测边缘。因为 Sobel 算子结合了高斯平滑和微分求导，所以结果会具有更多的抗噪性，当对精度要求不是很高时，Sobel 算子是一种较为常用的边缘检测方法。

Sobel 算子模板如式（8-13）和式（8-14）所示，其中式（8-13）表示水平方向，式（8-14）表示垂直方向。

$$G_x = \begin{bmatrix} -1 & -2 & -1 \\ 0 & 0 & 0 \\ 1 & 2 & 1 \end{bmatrix} \qquad (8\text{-}13)$$

$$G_y = \begin{bmatrix} -1 & 0 & 1 \\ -2 & 0 & 2 \\ -1 & 0 & 1 \end{bmatrix} \qquad (8\text{-}14)$$

将 Sobel 算子模板应用于图 8-7 中的图像模板，可得式（8-15）即

$$\nabla f = |(P_7+2P_8+P_9)-(P_1+2P_2+P_3)| + |(P_3+2P_6+P_9)-(P_1+2P_4+P_7)| \qquad (8\text{-}15)$$

P_1	P_2	P_3
P_4	P_5	P_6
P_7	P_8	P_9

图 8-7　图像模板

对于输入图像 $f(x,y)$，使用 Sobel 算子后输出的目标图像为 $g(x,y)$，则

$$g(x,y) = \left| \begin{matrix} [f(x-1,y+1)+2f(x,y+1)+f(x+1,y+1)] \\ -[f(x-1,y-1)+2f(x,y-1)+f(x+1,y-1)] \end{matrix} \right| +$$
$$\left| \begin{matrix} [f(x+1,y-1)+2f(x+1,y)+f(x+1,y+1)] \\ -[f(x-1,y-1)+2f(x-1,y)+f(x-1,y+1)] \end{matrix} \right| \qquad (8\text{-}16)$$

图 8-8 是 Sobel 算子处理图像前后的效果对比，由图可知，Sobel 算子考虑了综合因素，对噪声较多的图像处理效果更好，且边缘定位效果不错，但检测出的边缘容易出现多像素宽度。因此，Sobel 算子常用于噪声较多、灰度渐变的图像。

（a）　　　　　　　　　（b）

图 8-8　Sobel 算子处理图像前后的效果对比

（a）原始图像；（b）Sobel 算子处理后的图像

8.3.5 Laplacian 算子

Laplacian 算子是 n 维欧几里得空间中的一个二阶微分算子，常用于图像增强和边缘提取领域，它通过灰度差分计算邻域内的像素。算法基本流程如下：

（1）判断图像中心像素的灰度值与它周围其他像素的灰度值，如果中心像素的灰度更高，则提升中心像素的灰度；反之降低中心像素的灰度，从而实现图像锐化操作；

（2）在算法实现过程中，Laplacian 算子通过对邻域中心像素的 4 方向或 8 方向求梯度，再将梯度相加起来判断中心像素灰度与邻域内其他像素灰度的关系；

（3）通过梯度运算的结果对像素灰度进行调整。

Laplacian 算子分为 4 邻域和 8 邻域，4 邻域是对邻域中心像素的 4 个方向求梯度，8 邻域是对 8 个方向求梯度。Laplacian 算子 4 邻域模板如式（8-17）所示，Laplacian 算子 8 邻域模板如式（8-18）所示：

$$H_1 = \begin{bmatrix} 0 & -1 & 0 \\ -1 & 4 & -1 \\ 0 & -1 & 0 \end{bmatrix} \tag{8-17}$$

$$H_2 = \begin{bmatrix} -1 & -1 & -1 \\ -1 & 8 & -1 \\ -1 & -1 & -1 \end{bmatrix} \tag{8-18}$$

通过 Laplacian 算子的模板可知：

（1）当邻域内像素灰度相同时，模板的卷积运算结果为 0；

（2）当中心像素的灰度高于邻域内其他像素的平均灰度时，模板的卷积运算结果为正数；

（3）当中心像素的灰度低于邻域内其他像素的平均灰度时，模板的卷积运算结果为负数。对卷积运算的结果用适当的衰弱因子处理，加在原中心像素上，就可以实现图像的锐化处理。

本节讲解较简单，5.3.3.1 节有对拉普拉斯锐化的详细讲解，因此可结合 5.3.3.1 节的拉普拉斯锐化部分一起学习。

图 8-9 是 Laplacian 算子处理图像前后的效果对比，由图可知，Laplacian 算子对噪声比较敏感，其算法可能会出现双像素边界，故常用来判断边缘像素位于图像的明区或暗区，很少用于边缘检测。

（a）　　　　　　　　　　（b）

图 8-9　Laplacian 算子处理图像前后的效果对比

（a）原始图像；（b）Laplacian 算子处理后的图像

8.3.6 Canny 算子

Canny 算子是 John F. Canny 于 1986 年开发出来的一个多级边缘检测算法，Canny 算子是从不同视觉对象中提取有用的结构信息并大大减少要处理的数据量的一种技术，目前已广泛应用于各种计算机视觉系统。John F. Canny 发现，在不同视觉系统上对边缘检测的要求较为类似，因此，可以实现一种具有广泛应用意义的边缘检测技术。边缘检测的一般标准如下。

（1）以低的错误率检测边缘，意味着需要尽可能准确地捕获图像中尽可能多的边缘。

（2）检测到的边缘应精确定位在真实边缘的中心。

（3）图像中给定的边缘应只被标记一次，并且在可能的情况下，图像的噪声不应产生假的边缘。

Canny 算子由以下 4 个步骤构成。

（1）图像降噪：梯度算子用于增强图像，本质上是通过增强边缘轮廓来实现的，也就是说梯度算子是可以检测到边缘的。但是，梯度算子受噪声的影响很大，那么，处理前先去除噪声十分必要，因为噪声是灰度变化很大的地方，所以容易被识别为伪边缘。

（2）计算图像梯度，得到可能边缘：计算图像梯度能够得到图像的边缘，因为梯度是灰度变化明显的地方，而边缘也是灰度变化明显的地方。但这一步只能得到可能的边缘，因为灰度变化的地方可能是边缘，也可能不是边缘。这一步就有了所有可能是边缘的集合。

（3）非极大值抑制：通常灰度变化的地方都比较集中，因此将局部范围内的梯度方向上，灰度变化最大的保留下来，其他的不保留，这样可以剔除掉大部分的点。将有多个像素宽的边缘变成一个单像素宽的边缘，即将"胖边缘"变成"瘦边缘"。

（4）双阈值筛选：通过非极大值抑制后，仍然有很多的可能边缘点，因此进一步地设置一个双阈值，即低阈值（low）、高阈值（high）。灰度变化大于 high 的，设置为强边缘像素，低于 low 的，剔除，在 low 和 high 之间的设置为弱边缘。进一步判断，如果其邻域内有强边缘像素，保留；如果没有，剔除。因为只保留强边缘轮廓的话，有些边缘可能不闭合，需要从满足 low 和 high 之间的点进行补充，使得边缘尽可能地闭合。

图 8-10 是 Canny 算子处理图像前后的效果对比，由图可知，Canny 算子得到的图像边缘还是比较清晰的。

（a）　　　　　　　　　　　（b）

图 8-10　Canny 算子处理图像前后的效果对比

（a）原始图像；（b）Canny 算子处理后的图像

8.3.7　算子比较

Roberts 算子：Roberts 算子利用局部差分算子寻找边缘，边缘定位精度较高，但容易丢失一部分边缘，同时图像未经过平滑处理，不具备抑制噪声的能力。因此，该算子对具有陡峭边缘且含噪声少的图像效果较好。

Sobel 算子和 Prewitt 算子：两者都是对图像先作加权平滑处理，然后再做微分运算，所不同的是平滑部分的权值有些差异，因此对噪声具有一定的抑制能力，但不能完全排除检测结果中出现的虚假边缘。虽然这两个算子边缘定位效果不错，但检测出的边缘容易出现多像素宽度。

Laplacian 算子：Laplacian 算子是不依赖于边缘方向的二阶微分算子，对图像中的阶跃型边缘点定位准确，该算子对噪声非常敏感，它使噪声成分得到加强，这两个特性使得该算子容易丢失一部分边缘的方向信息，造成一些不连续的检测边缘，同时抗噪声能力比较差。

Canny 算子：Canny 算子虽然是基于最优化思想推导出的边缘检测算子，但实际效果并不一定最优，原因在于理论和实际有许多不一致的地方。该算子同样采用高斯函数对图像作平滑处理，因此具有较强的抑制噪声能力，同样该算子也会将一些高频边缘平滑掉，造成边缘丢失。

8.4　区域分割

8.4.1　区域生长算法

区域生长算法的基本思想是将有相似性质的像素点合并到一起，对每一个区域要先指定一个种子点作为生长的起点，然后将种子点周围邻域的像素点和种子点进行对比，将具有相似性质的点合并起来继续向外生长，直到没有满足条件的像素点被包括进来为止，这样一个区域的生长就完成了。

区域生长是根据事先定义的准则将像素或者子区域聚合成更大区域的过程。其基本思想是从一组生长点开始（生长点可以是单个像素，也可以是某个小区域），将与该生长点性质相似的相邻像素或者区域与生长点合并，形成新的生长点，重复此过程直到不能生长为止。生长点和相似区域的相似性判断依据可以是灰度值、纹理、颜色等图像信息。所以，区域生长算法的关键有 3 个：选择合适的生长点；确定相似性准则即生长准则；确定生长停止条件。

算法步骤如下。

（1）创建一个空白的图像（全黑）。

（2）将种子点存入集合中，集合中存储待生长的种子点。

（3）依次弹出种子点并判断种子点与周围 8 邻域的关系（生长准则），相似的点则作为下次生长的种子点。

（4）集合中不存在种子点后就停止生长。

图 8-11 给出一个区域生长的实例：图 8-11（a）为原始图像，数字表示像素的灰度值，以灰度值为 8 的像素作为初始的生长点，记为 $f(i,j)$；在 8 邻域内，生长准则是待测

点灰度值与生长点灰度值相差为 1 或 0；图 8-11（b）是第 1 次区域生长后，$f(i-1,j)$、$f(i,j-1)$、$f(i,j+1)$ 和生长点灰度值相差都是 1，因而被合并；图 8-11（c）是第 2 次生长后，$f(i+1,j)$ 被合并。图 8-11（d）为第 3 次生长后，$f(i+1,j-1)$、$f(i+2,j)$ 被合并，至此，已经不存在满足生长准则的像素点，生长停止。

$$
\begin{bmatrix}
4 & 3 & 7 & 3 & 3 \\
1 & 7 & (8) & 7 & 5 \\
0 & 5 & 6 & 1 & 3 \\
2 & 2 & 6 & 0 & 4 \\
1 & 2 & 1 & 3 & 1
\end{bmatrix}
\begin{bmatrix}
4 & 3 & (7) & 3 & 3 \\
1 & (7) & (8) & (7) & 5 \\
0 & 5 & 6 & 1 & 3 \\
2 & 2 & 6 & 0 & 4 \\
1 & 2 & 1 & 3 & 1
\end{bmatrix}
\begin{bmatrix}
4 & 3 & (7) & 3 & 3 \\
1 & (7) & (8) & (7) & 5 \\
0 & 5 & (6) & 1 & 3 \\
2 & 2 & 6 & 0 & 4 \\
1 & 2 & 1 & 3 & 1
\end{bmatrix}
\begin{bmatrix}
4 & 3 & (7) & 3 & 3 \\
1 & (7) & (8) & (7) & 5 \\
0 & (5) & (6) & 1 & 3 \\
2 & 2 & (6) & 0 & 4 \\
1 & 2 & 1 & 3 & 1
\end{bmatrix}
$$

（a）　　　　　（b）　　　　　（c）　　　　　（d）

图 8-11　区域生长算法

（a）原图像灰度矩阵生长点；（b）第 1 次区域生长结果；（c）第 2 次区域生长结果；（d）第 3 次区域生长结果

8.4.2　分水岭算法

分水岭算法是一种基于拓扑理论的数学形态学的分割方法，其基本思想是把图像看作是测地学上的拓扑地貌，图像中每一点像素的灰度值表示该点的海拔高度，如图 8-12 所示，图 8-12（a）的灰度图可以描述为图 8-12（b）的地形图，地形的高度是由灰度图的灰度值决定的，灰度为 0 对应地形图的地面，灰度值最大的像素对应地形图的最高点。如图 8-12 所示，每一个局部极小值及其影响区域称为集水盆，而集水盆的边界则形成分水岭。

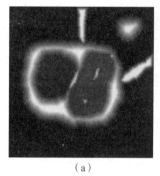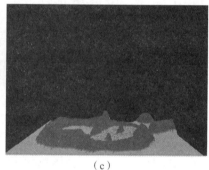

（a）　　　　　　　　　（b）　　　　　　　　　（c）

图 8-12　灰度图与地形图映射关系（附彩插）

（a）灰度图；（b）地形图；（c）灰度图的地形图显示

对灰度图的地形学解释，我们考虑 3 类点，如图 8-13 所示。

（1）最小值点：该点对应一个盆地的最低点，当我们在盆地里滴一滴水的时候，由于重力作用，水最终会汇聚到该点。

注：可能存在一个最小值面，该平面内的点都是最小值点。

（2）盆地的其他点：该位置的水滴会汇聚到局部最小值点。

（3）盆地的边缘点：该点是该盆地和其他盆地的交接点，在该点滴一滴水，会等概率地流向任何一个盆地。

假设我们在盆地的最小值点打一个洞，然后往盆地里面注水，并阻止两个盆地的水汇

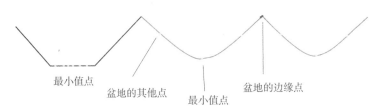

最小值点　　盆地的其他点　　最小值点　　盆地的边缘点

图 8-13　灰度图的地形图解释

集，我们会在两个盆地的水汇集的时刻，在交接的边缘线上，即分水岭线，建一个坝，来阻止两个盆地的水汇集成一片水域。这样图像就被分成两个像素集，一个是注水盆地像素集，一个是分水岭线像素集，即可使用分水岭算法实现图像区域分割。

图 8-14 是用分水岭算法实现图像区域分割前后的效果对比，由图可知，分水岭算法可基本实现图像区域分割，但效果并不理想，如果对图像区域分割的要求不高，可以采用此种算法。

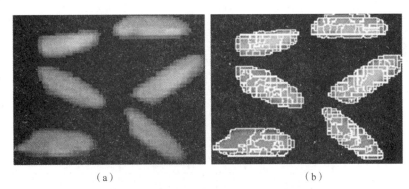

（a）　　　　　　　　　　　　　（b）

图 8-14　用分水岭算法实现图像区域分割前后的效果对比

（a）原始图像；（b）分割结果

8.5　图像分割技术应用与系统设计

8.5.1　图像分割技术应用概述

图像分割技术是计算机视觉领域的一个重要的研究方向，是图像语义理解的重要一环，其是指将图像分成若干个具有相似性质的区域的过程，而从数学角度来看，图像分割技术是将图像划分成互不相交的区域的过程。近年来，图像分割技术相关的场景物体分割、人体前背景分割、三维重建等技术已经在无人驾驶、增强现实、安防监控等方面广泛应用。

我国国土整体面积庞大且边界之间的跨度较大，铁路运输连贯性强且规模比较密集，可以较好地满足辽阔地域之间的运输需求，此外，铁路以其平安、舒适、方便、快捷的运输优势，满足了不同旅客的需要。铁路钢轨故障诊断是维系列车安全运行的重要保障，处于使用状态的钢轨受到挤压、冲击、磨损等影响，健康状况不断恶化，从而形成各种表面缺陷，并随着时间推移不断退化，这些潜在损伤若再进一步恶化就会造成断轨。当车轮在表面有缺陷故障的轨道上向前行进时，不仅会影响乘客乘车的舒适性，还影响列车的安全运转。因此，如何找到一个能够检测高铁钢轨表面缺陷故障的有效方法是铁路系统运转必须解决的一个首要问题。

本节以"高铁钢轨表面缺陷图像分割系统"的设计与实现为例，从设计的角度讨论各模块实现的功能以及设计这些模块的思想，一方面，将图像分割技术的基本知识应用于当今社会急需解决的问题，便于读者更具体、更形象地理解图像分割知识的实际运用；另一方面，通过"高铁钢轨表面缺陷图像分割系统"这一实例，使读者了解并掌握系统设计与实现的过程。高铁钢轨表面缺陷图像分割系统主要包括4大功能模块，分别是图像载入模块、算法实现模块、图像生成模块以及分割算法比较显示模块，其具体功能架构如图8-15所示。"高铁钢轨表面缺陷图像分割系统"的具体实现一方面展示了图像分割技术应用于高铁钢轨表面缺陷分割中的具体效果；另一方面，不同功能的系统有不同的实现模块，需具体问题具体分析，但该部分的设计实现思路可供参考与借鉴。

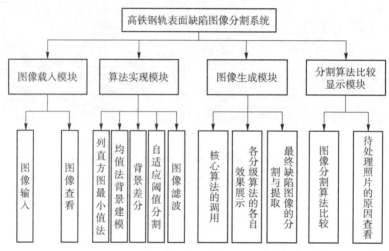

图8-15　高铁钢轨表面缺陷图像分割系统的功能架构

图8-15中各模块功能介绍如下。

（1）图像载入模块：这是系统的起始功能模块，包括基本的待处理图像输入的功能。

（2）算法实现模块：这是系统的核心功能模块，包括整体分割流程的五大类算法，且这五大类算法下面包含着诸多具体子算法，该模块包含了系统实现的核心技术，是图像进行分割的主体。

（3）图像生成模块：这是系统最主要的功能模块，包括图像分割算法的调用、图像分割后的结果展示、已处理图像保存到本地等功能。

（4）分割算法比较显示模块：这是系统的信息存储模块，包括每次生成已分割图像效果的显示，以及对以前记录的待处理图片的原图查看等功能。

8.5.2 列直方图最小值法

初始拍摄图片中含有石块、杂草等对钢轨部位检测存在影响的因素，为了减少图像处理的时间、降低其复杂性，我们需要提取出图像中特定的钢轨区域。由于图像中各处的灰度值都有其所对应的特点，拍摄图像中钢轨区域灰度值高，非钢轨区域因为遍布杂草石块等灰度值较钢轨区域低，且钢轨宽度在国家标准下是统一固定的，因此采用列直方图最小值法可以较为完整地提取钢轨区域。列直方图最小值法的原理是计算图像中每一列的灰度值之和，形成对应的列直方图图像，然后将提前设定的固定宽度值作为相应间隔在成形的直方图中搜索最小值，我们搜索到的这个值就是钢轨区域所对应的位置，如图 8-16 所示。

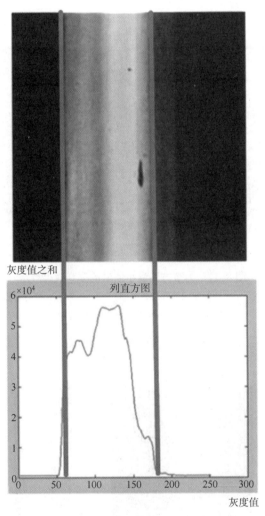

图 8-16 列直方图最小值法的原理

根据设定阈值结合图像的灰度值对钢轨区域进行分割，系统可以设定不同的阈值查看分割效果，如图 8-17 所示，由图可明显看出，选取 100 作为阈值比选取 200 作为阈值得到的分割图像效果更好。

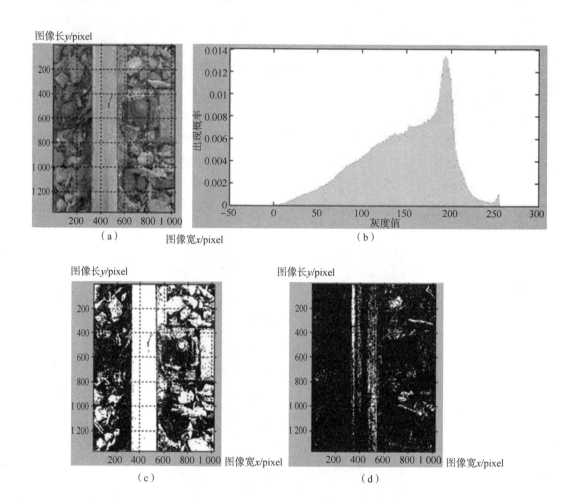

图8-17 列直方图最小值法的分割效果展示

（a）原始灰度图像；（b）原始图像的灰度直方图；（c）选取 100 作为阈值得到的分割图像；
（d）选取 200 作为阈值得到的分割图像

采用列直方图最小值法非常顺畅地完成了钢轨区域的分割，最终分割效果如图 8-18 所示。

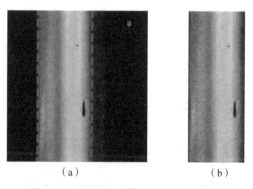

图8-18 钢轨区域最终分割效果展示

（a）原始图像；（b）被分割出的钢轨区域

8.5.3　均值建模法

为了后续图像的分割，需要选取适当的背景建模算法用于形成一个正常铁轨表面的背景模型。考虑到适用性与执行效率，本书采用均值建模法实现背景建模，这种方法早期主要应用在视频处理中，用于清理掉前景中的人或物。固定放置的摄像机拍得的不同时刻的相同位置的图像的像素值也是不同的，所以均值建模法将某一固定点在不同拍摄时刻的像素值进行相加再取平均，得到的结果便是这点所在位置排除他物之后的背景图像，其原理为

$$K(x,y) = \sum_{i=1}^{n} P_i(x,y) \tag{8-19}$$

式中：(x,y)——图像中的像素点坐标；

$P_i(x,y)$——第 i 帧图像 (x,y) 点处的像素值；

n——图像帧数；

$K(x,y)$——均值建模法得到的背景模型图像(x,y)位置的像素的灰度值。

本书的背景建模算法与动态视频处理中的背景建模算法相比存在一些不同，首先是两者的图像帧数存在不同，其次是动、静的对象不同，钢轨表面图像中是背景与缺陷位置固定但相机运动，而视频中的情况恰恰相反，视频中是相机固定但目标在运动。对于静态图片中的均值建模法实现背景建模需要计算图片的每列均值，建立背景图像模型，即

$$I_m(x) = \text{mean}(I_y(x)) \tag{8-20}$$

式中：$I_y(x)$——静态图像中第 y 列第 x 点位置的像素的灰度值；

$I_m(x)$——背景图像模型第 m 列第 x 点位置的像素的灰度值。

图 8-19 是真实有缺损钢轨图片与均值建模法实现背景建模得到的背景图像，由图可得，建模后的背景图像是十分真实的，适用于做背景差分运算。

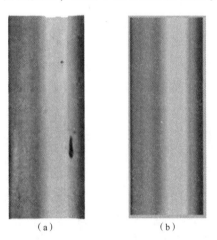

（a）　　　　　　　　（b）

图 8-19　背景建模对比图

（a）真实有缺损钢轨图片；（b）均值建模法实现背景建模得到的背景图像

8.5.4　背景差分法

背景差分法就是将原图像与背景图像重合相减的过程，将两张图像进行差分后便可得

到目标区域。传统的背景差分法一般用来提取想要分离的运动目标，以便进行目标的识别和分割。如不考虑噪声 $n(x,y,t)$ 的影响，视频帧图像 $I(x,y,t)$ 可以看作是由背景图像 $b(x,y,t)$ 和运动目标 $m(x,y,t)$ 组成，如式（8-21）所示。

$$I(x,y,t)=b(x,y,t)+m(x,y,t) \tag{8-21}$$

由式（8-21）可得运动目标 $m(x,y,t)$，即

$$m(x,y,t)=I(x,y,t)-b(x,y,t) \tag{8-22}$$

在实际应用中，由于其他干扰因素的影响，式（8-22）很难提取到想要抓取的运动目标，充其量得到运动目标区域和其他干扰因素组成的差分图像 $d(x,y,t)$，即

$$d(x,y,t)=I(x,y,t)-b(x,y,t)+n(x,y,t) \tag{8-23}$$

因此作进一步处理，如式（8-24）所示。

$$m(x,y,t)=\begin{cases} I(x,y,t),d(x,y,t)\geqslant T \\ 0,d(x,y,t)<T \end{cases} \tag{8-24}$$

式中：T——阈值。

图 8-20 为背景差分法流程。

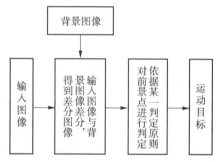

图 8-20　背景差分法流程

本书的背景差分法与视频中的处理相比存在不同：钢轨表面图像在同一位置只有一帧图像，而视频监控中不同时刻会有多帧图像，为了突出缺陷部位，减弱光照变化和反射不均等因素的影响，将钢轨图像与背景建模后的图像相减，得到差分图像即可。图 8-21 是背景差分效果对比，由图可知，背景差分法可以较好地提取铁轨表面缺陷。

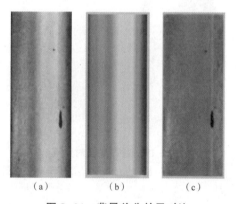

（a）　　　　（b）　　　　（c）

图 8-21　背景差分效果对比

（a）原图；（b）背景建模得到的背景图；（c）背景差分图

186

8.5.5　自适应阈值分割

本节采用 8.2.3.1 节的迭代法自适应阈值算法选取阈值分割的阈值，具体理论部分可参见 8.2.3.1 节。将背景差分运算后得到的图像进行自适应阈值分割处理，可得到图 8-22 所示的钢轨缺损二值图像，可以较容易地判断钢轨是否缺损。

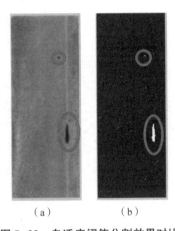

（a）　　　　　（b）

图 8-22　自适应阈值分割效果对比

（a）背景差分后的图像；（b）自适应阈值分割得到的图像

8.5.6　图像滤波

钢轨表面经过了风霜与时间的摧残，就会出现破损刮蹭等问题，此时拍摄的图片中就会出现噪声点，为了去除噪声点，采用基于形态学与缺陷面积的滤波方法。当一个点不确定它是缺陷还是噪声时我们称其为疑似点，该方法首先判断疑似点周围的一个小邻域，在这个小邻域中规定一个界限值，如果某个小邻域中存在的点大于这个界限值，则认为该点为缺陷点，否则为噪声点；然后依据此原理进行延伸，再计算去噪后的二值图像中块的面积，并与事先制定的界限值进行比较，若大于给定的界限值，则认为是缺陷，否则为噪声，该方法简单易操作实时性高。图像滤波效果比较如图 8-23 所示。

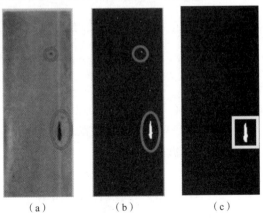

（a）　　　　　（b）　　　　　（c）

图 8-23　图像滤波效果比较

（a）背景差分后的图像；（b）自适应阈值分割得到的图像；（c）图像滤波后的图像

8.5.7 图像分割算法比较

本节将多种分割算法与阈值分割进行了比较，进而查找出最适合的分割方法。各个分割方法各有优劣，具体的实现效果与差异如图 8-24 所示，由图可得，相对于其他分割方法而言，阈值分割的效果更好，能够更加明显地得到钢轨中的缺损部分。

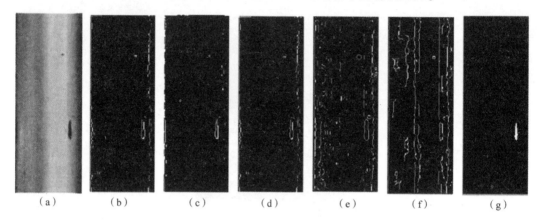

（a）　　　　（b）　　　　（c）　　　　（d）　　　　（e）　　　　（f）　　　　（g）

图 8-24　分割算法效果对比

（a）原始图像；（b）Sobel 算子；（c）Roberts 算子；（d）Prewitt 算子；（e）Laplacian 算子；

（f）Canny 算子；（g）阈值分割

8.5.8 图像分割应用拓展

图像分割是图像识别和计算机视觉至关重要的预处理方式，没有正确的分割就不可能有正确的识别。但是，进行分割仅有的依据是图像中像素的亮度及颜色，由计算机自动处理分割时，将会遇到各种干扰，如不均匀光照、噪声、不清晰的图像，以及阴影等，常常发生分割错误，因此图像分割是需要进一步研究的技术。本节以"高铁钢轨表面缺陷图像分割系统"这一案例进行详细解析，对于类似系统，可参照此案例设计并实现。

8.6　习题

选择

1. 采用模板 $[-1, 1]^T$ 主要检测（　　）方向的边缘。

A. 水平　　　　　　B. 45°　　　　　　C. 垂直　　　　　　D. 135°

2. 下列边缘检测算子中使用二阶微分的是（　　）。

A. Sobel 算子　　　　　　　　　　B. Roberts 算子

C. Prewitt 算子　　　　　　　　　　D. Laplacian 算子

3. 梯度算子（　　）。（多选）

A. 可以检测阶梯状边缘　　　　　　B. 可以消除随机噪声

C. 总产生双像素宽边缘　　　　　　D. 总需要两个模板

4. Laplacian 算子（　　）。（多选）

A. 是一阶微分算子　　　　　　　　B. 是二阶微分算子

C. 包括一个模板　　　　　　　　　D. 包括两个模板

填空

现有的图像分割方法主要包括_____、_____和_____3 种。

判断

1. 区域生长算法的实现有 3 个关键点：种子点的进取；生长准则的确定；区域生长停止的条件。（　　）

2. 边缘检测是将边缘像素标识出来的一种图像分割技术。（　　）

简答

1. 什么是图像分割？什么是边缘检测？实现方法有哪些？

2. 什么是阈值分割？该技术适用于什么场景下的图像分割？

3. 举例说明图像分割在图像处理中的实际应用。

4. 常用的阈值分割方法有哪些？并对其做简要描述。

5. 简述区域生长算法和分水岭算法。

6. 简单比较 Roberts 算子、Prewitt 算子、Sobel 算子、Laplacian 算子和 Canny 算子。

7. 对图 8-25 采用区域生长算法进行区域增长，给出灰度差值 $T=1$，$T=2$，$T=3$ 这 3 种情况下的分割图像。

1	0	4	7	5
1	0	4	7	7
0	1	5	5	5
2	0	5	6	5
2	2	5	6	4

图 8-25　原始图像

第9章

数字图像处理应用实例

本章以3个与数字图像处理相关的应用实例为基础，详细阐述"图像处理基本操作整合系统""基于树莓派的人脸识别门禁系统"和"面向智慧社区的监控视频目标行为浓缩系统"的设计与实现过程，通过数字图像处理系统的实现过程，加深读者对数字图像处理的实际应用的认识。本章的内容框架图如图9-1所示。

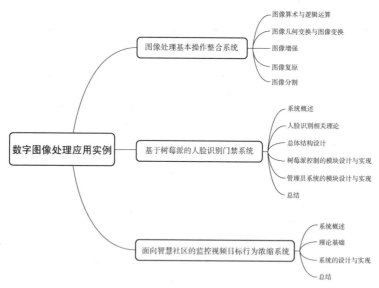

图9-1　内容框架图

学习目标：掌握数字图像处理基本操作的代码实现；掌握与"数字图像处理"相关应用实例的设计与实现过程，加深在实际应用方面的认知。

学习重点：重点掌握数字图像处理基本操作的代码实现和相关应用实例的设计与实现思路。

学习难点：数字图像处理相关应用实例的设计与实现。

9.1　图像处理基本操作整合系统

实验验证是学习计算机的重要环节，本节将以框图形式展现图像处理中应该掌握的基本的图像处理操作，读者可根据个人需求选择性地实现并验证学习这些基本的图像处理操作。

9.1.1　图像算术与逻辑运算

图像算术与逻辑运算部分，读者需掌握的基本操作如图 9-2 所示，读者可依据图 9-2 的内容自行选择完成实验内容。

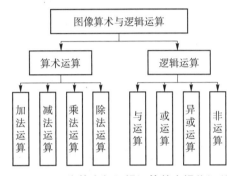

图 9-2　图像算术与逻辑运算基本操作汇总

9.1.2　图像几何变换与图像变换

图像几何变换与图像变换部分，读者需掌握的基本操作如图 9-3 所示，读者可依据图 9-3 的内容自行选择完成实验内容。

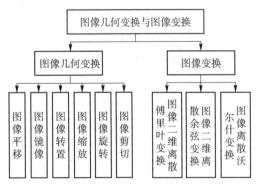

图 9-3　图像几何变换与图像变换基本操作汇总

9.1.3　图像增强

图像增强部分，读者需掌握的基本操作如图 9-4 所示，读者可依据图 9-4 的内容自行选择完成实验内容。

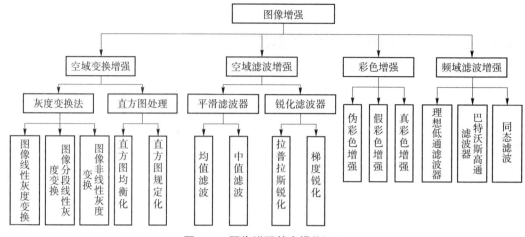

图 9-4　图像增强基本操作汇总

9.1.4　图像复原

图像复原部分，读者需掌握的基本操作如图 9-5 所示，读者可依据图 9-5 的内容自行选择完成实验内容。

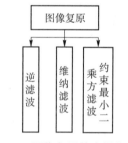

图 9-5　图像复原基本操作汇总

9.1.5　图像分割

图像分割部分，读者需掌握的基本操作如图 9-6 所示，读者可依据图 9-6 的内容自行选择完成实验内容。

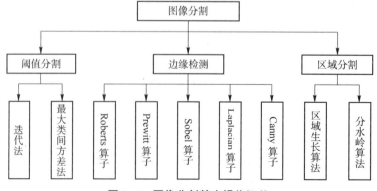

图 9-6　图像分割基本操作汇总

9.2　基于树莓派的人脸识别门禁系统

9.2.1　系统概述

传统的门禁系统大多是利用 IC 卡进行识别，且大多场所仍旧采用这种门禁系统，这种系统需要将大量的 IC 卡提供给用户，且 IC 卡一卡对一人精准识别，成本较大，信息写入也较为烦琐，用户丢失后需要到指定的地点补办，对用户来说体验不佳，对管理者来说既增加人力成本又增加其他不必要的成本。相对于 IC 卡，较为良好的指纹识别也存在一定的弊端，如由于气候原因或生理原因导致的指纹不明显，如果设备不够精准就无法识别，而更好的精准设备成本也较高。

随着计算机技术和人工智能的发展，人脸识别技术得到了广泛的应用，如视频监控、手机解锁、人脸签到等。同时，随着生活水平的不断提高，人们对门禁系统的要求也不断提高，IC 卡、指纹识别等传统门禁系统已经不能满足社会需求，所以人脸识别门禁系统是门禁系统发展的必然产物。基于人脸识别的门禁系统能够提高传统门禁管理行业的效率，使之更加安全和便捷，且能够较为有效地减少门禁管理中的人为因素，充分利用人工智能和图像识别技术，既节省了人力资源，又减少了不必要的安全隐患和管理纠纷。

树莓派由英国的慈善组织"Raspberry Pi 基金会"开发，其经过版本的迭代已经取得了不错的性能，最初的树莓派主要用作教学和科学研究，由于其出色的功能和较高的性价比，树莓派开始有了实际应用，并逐渐加入物联网的阵容中。树莓派外形只有信用卡大小，但是可以实现计算机的所有基本功能，可以运行 Linux 和 Windows 系统及其软件，也可以作为小型服务器，完成特定的功能，是用作门禁系统的良好选择。

结合树莓派简单易用和人脸识别安全快捷的优点，门禁系统能够更好地发挥其功能，进一步提高诸如学校、办公园区、仓库、住宅等场所的安保水平和管理稳定性。因此，将树莓派和人脸识别结合的门禁系统拥有安全、简洁、易维护、易开发、性价比高的特点，使门禁系统有更多的发展机会和研究价值。

9.2.2　人脸识别相关理论

9.2.2.1　人脸检测

人脸检测的方法主要分为两种。一种是基于规则的，主要利用人类已有的常识将五官的不同对应关系进行分类，并通过这些分类来检测人脸。另一种是基于数据的，将某种事物（包括人脸）的照片作为一个像素矩阵来分析，通过大量的数据统计可以得到这种事物对应的基础模型，根据与这个模型的相似程度来检测是否为这个事物。

基于这两种方法，发展了许多种算法。随着各种方法的提出和应用，算法也得到了优化，产生了将知识模型和统计模型相结合的算法，目前应较为广泛的人脸检测算法是 Ada-Boost 算法。本书的设计方案主要利用了基于 OpenCV 视觉库的人脸检测算法。

1）OpenCV 视觉库

OpenCV 视觉库是一个开源的视觉库，可以运行在多种不同的系统上，主要使用 C 语言编写，提供了 Python、MATLAB 等语言的接口，通过这些接口可以直接调用函数进行图像处理。本书主要使用 OpenCV 视觉库训练好的 Haar 级联分类器进行人脸检测。

2）Haar 级联分类器

Haar 级联分类器主要使用 Haar 特征做检测，Haar 特征（也称 Haar-Like 特征）主要分为 4 种边缘特征、8 种线性特征、两种中心围绕特征，如图 9-7 所示。

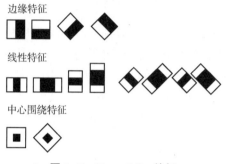

图 9-7　Haar-Like 特征

3）AdaBoost 算法

AdaBoost 算法的主要功能是将弱学习算法强化为强学习算法，通过调整单个样本的权重可以产生不同的训练集，用这些训练集训练同一个弱分类器，然后把这些分类器联合起来，成为一个强分类器。如果每个弱分类器的分类效果比随机分类的效果更好，那么当其数量非常大时，强分类器基本不会产生错误。图 9-8 为二叉决策树，展示了分类器进行人脸判断的过程。

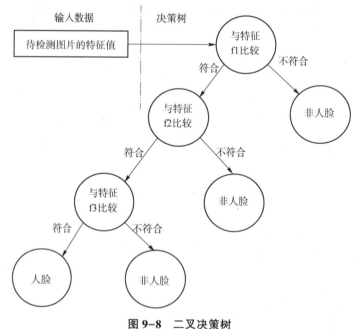

图 9-8　二叉决策树

9.2.2.2　人脸识别

人脸识别是基于人的脸部特征，对输入的人脸图像进行识别的一种生物识别技术。随着计算机及各学科领域技术的发展，诞生了各种各样的人脸识别算法，目前较为主流的算法有特征脸法、Fisher Face（渔夫脸法）、EGM（弹性图匹配）、基于几何特征的方法、基于神经网络的方法等。本书使用百度人脸识别算法。

本书的人脸识别通过百度提供的软件开发工具包（Software Development Kit，SDK）完成基本功能。百度人脸识别算法的主要核心是特征脸法，主要方法是将图片和人脸库的人脸特征值作比较，如果这两个值接近一定阈值即识别成功，阈值可以由用户通过参数设定。百度 AI 开放平台的人脸识别精度可达 99.77%。

特征脸法的主要方式是将图片从像素空间转换到另一个空间，消除相关性带来的影响，通过对训练集进行训练可以得到对应的特征向量，任意一张人脸图像都可以被认为是"标准脸"的组合。特征脸法被认为是第一种有效的人脸识别算法，在之后出现的人脸识别算法中都有涉及。

9.2.3　总体结构设计

基于树莓派的人脸识别门禁系统分为树莓派控制系统和管理员系统，分别实现门禁控制和人脸库管理的功能。

树莓派控制系统主要分为图像采集、人脸检测、人脸识别、信息处理、硬件控制 5 个模块，每个模块中都有对应的硬件连接和软件控制，如图 9-9 所示。

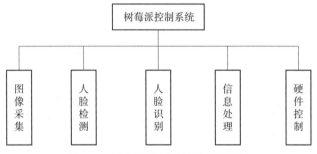

图 9-9　树莓派控制系统的主要模块

管理员系统的主要功能是人脸库管理，主要分为人脸注册、人脸更新、用户删除、获取用户列表、查看实时监控 5 个模块，如图 9-10 所示。

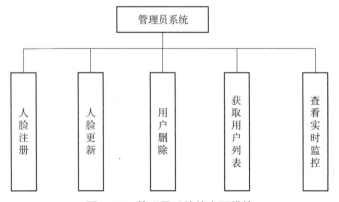

图 9-10　管理员系统的主要模块

人脸库管理使用了百度人脸识别 SDK 的接口，人脸照片以 Base64 编码的方式传送到百度云进行存储，登录控制台也可以进行管理，该管理员系统的开发主要是对前者的管理方法进行改进，提高实用性，更加方便管理员操作，且可以与树莓派控制系统功能相关联，提供查看实时监控的功能。

由于管理员系统主要由管理员使用，实际应用中批量上传的情况比较多，因此本系统的各项功能中活体检测的参数设置为"低"，避免管理员使用下载的图片进行操作时受到系统限制。

系统的界面设计采用 Python 的 tkinter 库，生成简单快捷的文本框、按钮等插件。

9.2.3.1　硬件设计

树莓派控制系统使用的硬件部分的主体是树莓派 3B+开发板，如图 9-11 所示。

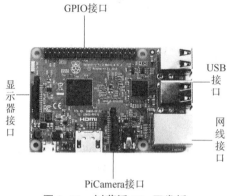

图 9-11　树莓派 3B+开发板

从图 9-12 可知，树莓派控制系统硬件部分的主体只有信用卡大小，比一般的单片机还简洁，而又具备了一般计算机的所有功能，这是本书设计方案选择树莓派控制系统的一个重要原因。

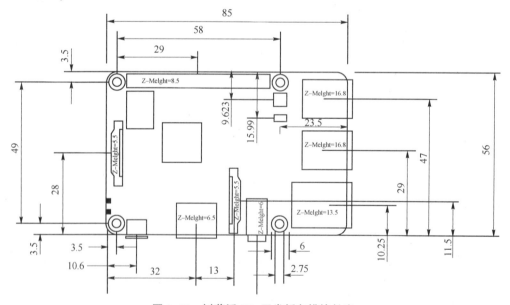

图 9-12　树莓派 3B+开发板各模块长度

如图 9-13 所示，树莓派控制系统中还包含的硬件有 PiCamera、USB 摄像头、按钮、继电器，通过树莓派 3B+开发板的 GPIO 接口和扩展板连接起来，具体参数和功能将在对应模块中进行分析。

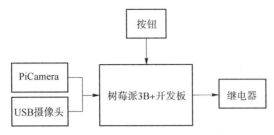

图 9-13　树莓派控制系统的硬件展示

9.2.3.2　软件设计

树莓派控制系统的软件部分由 Python 编写，运行环境为 Raspberry Pi 系统，开机运行 Python 脚本启动系统，通过硬件和微信通知进行反馈，具体参数和功能将在对应模块中进行分析，系统流程如图 9-14 所示。

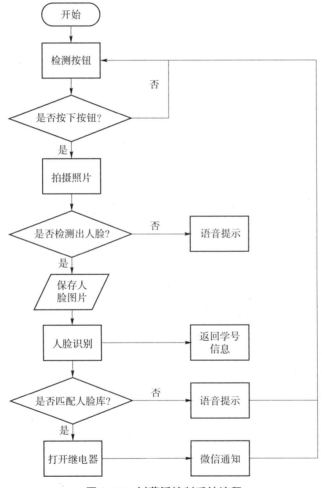

图 9-14　树莓派控制系统流程

管理员系统由 Python 编写，运行环境为 Windows 10，使用简单的界面链接百度人脸识别 SDK 的接口完成人脸库管理，人脸库数据存储在百度云，故无须使用数据库。

9.2.4 树莓派控制系统的模块设计与实现

树莓派控制系统主要包括图像采集、人脸检测、人脸识别、信息处理、硬件控制 5 个模块。

9.2.4.1 图像采集模块

图像采集模块由树莓派专用摄像头 PiCamera 和 USB 摄像头组成，前者负责拍摄抓取当前需要拍照的活体人脸并传递给人脸检测模块，后者作为查看实时监控的摄像头。

如图 9-15 所示，PiCamera 是一个 500 万像素的 CMOS 传感器，支持的最大分辨率为 2 592×1 944，通过一条 15 芯的 CSI 接口排线进行连接，该元件提供了 raspistill、raspivid、raspistillyuv 3 个应用程序来使用，本书设计方案是通过 Python 中的 PiCamera 库来进行使用的。

图 9-15　PiCamera

9.2.4.2 人脸检测模块

人脸检测模块用于对采集的图片进行人脸检测，利用 OpenCV 视觉库和百度人脸检测算法进行识别，若无人脸则返回，若人脸数量大于 0 则将照片传递给人脸识别模块。

人脸检测流程如图 9-16 所示，利用 OpenCV 视觉库进行人脸检测，需要先将图片转换为灰色，然后再调用函数利用下载好的训练模型进行人脸检测；利用百度提供的接口进行人脸检测，需要先将图片转换为 Base64 编码，设置活体验证级别为"高"，增加活体检测的要求。

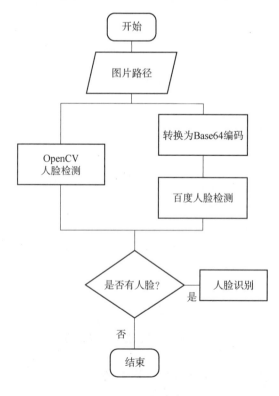

图 9-16　人脸检测流程

9.2.4.3　人脸识别模块

人脸识别流程如图 9-17 所示，将传递过来的人脸图片与人脸库对比，得到人脸的相似度得分大于 90 的结果，并将结果反馈给信息处理模块，该模块可以设置同时检测的人脸数量，默认设置为 1。

相似度得分的阈值可以由代码控制，本书设计方案选择为 90（满分 100）。通过返回的人脸信息可以得到用户的基本信息，并将这些信息一同传给信息处理模块进行处理。

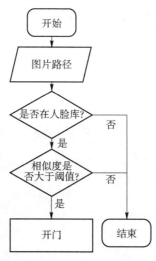

图 9-17　人脸识别流程

9.2.4.4　信息处理模块

信息处理模块用于处理人脸识别模块得到的结果，根据结果传递对应的参数给硬件模块，并实现微信通知、日志记录、定期删除的功能。

微信通知使用 ServerChan 提供的服务来完成，ServerChan 是一款通信软件，提供 URL 接口供程序员使用，利用 URL 向微信推送消息。

日志记录功能通过将程序运行过程中的输出打印到 txt 文件来完成，这意味着每次输出都需要输出当前时间。

定期删除功能实现对照片、日志、实时监控的视频进行定期删除，实现方法是通过程序空闲时间检测当前的时间，如果是 8、18、28 号则进行清空并标志为 1，每到 7、17、27 号将标志重新设置为 0，这种方法可以方便快捷地实现定时删除，并且不占用过多的内存资源。

9.2.4.5　硬件控制模块

硬件控制模块主要用于检测按钮的状态、继电器的通断、提示音的播放与关闭。若按钮按下，则执行采集模块，用继电器的通断表示门的开关，后续可以在继电器之后连接电磁锁实现门禁系统的实际应用。

如图 9-18 所示，按钮采用了微动开关，使用时 DO 接 GPIO 输出模式，VCC 接 +3.3 V，且需要调用树莓派的电阻作为下拉电阻，当 DO 口为高电平时识别为按钮按下。

如图 9-19 所示，继电器采用了 2 路 5 V 低电平触发模块，分别用来控制双开门的

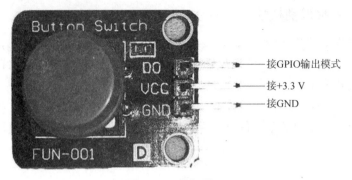

接GPIO输出模式
接+3.3 V
接GND

图 9-18　按钮展示

左右门，IN1 和 IN2 接 GPIO 输出模式，VCC 接+5 V，左侧用来控制用电器（门禁系统中常用来控制电磁锁）。

常开触点
公共端
常闭触点

接+5 V
接GPIO输出模式
接GND

图 9-19　继电器展示

9.2.5　管理员系统的模块设计与实现

　　管理员系统的主要模块包括人脸注册、人脸更新、用户删除、获取用户信息列表、查看实时监控 5 个模块。

　　（1）人脸注册模块：人脸注册模块的主要功能是向人脸库中新增人脸（即新增用户，默认同一用户只能添加一张人脸，可根据实际应用调整），若上传的图片未识别出人脸或识别出该人脸已经在人脸库则不允许注册。通过本系统注册成功的用户将会记录在本地的 txt 文件中。

　　（2）人脸更新模块：人脸更新模块的主要功能是更新已注册用户的人脸，若上传的图片为识别出人脸或没有查找到输入的 ID，则不予更改，若更新成功，则 ID 会被修改为规范 ID。

　　（3）用户删除模块：用户删除模块的主要功能是删除人脸库中已存在的用户及其人脸照片，若无输入的 ID 则会提示错误。

　　（4）获取用户信息列表模块：显示当前人脸库中的所有 ID，方便管理员进行其他操作。

　　（5）查看实时监控模块：通过按钮打开浏览器并访问实时监控的地址，该地址为树莓派的 IP 地址和端口，可以通过树莓派控制系统来设置和修改端口。

9.2.6　总结

本节从图像处理应用的目的出发，设计并实现了"基于树莓派的人脸识别门禁系统"，介绍了人脸识别相关理论，并对树莓派控制系统和管理员系统两个子系统的设计与实现进行了详细描述，基于树莓派的人脸识别门禁系统具有快速、简洁、易用、安全、性价比高等优点，具有很广阔的开发空间。本节案例解析详细，读者可学习借鉴。

9.3　面向智慧社区的监控视频目标行为浓缩系统

9.3.1　系统概述

随着计算机的蓬勃发展，各领域对自身、他人的安全越发重视，也越加频繁地通过图像、视频等收集、传递信息，视频作为表达信息的载体，具有内容丰富生动、获取信息快速直观等优点。随着人们生活水平的提高，安全意识的普及，监控技术的日益完善，相关视频数据呈现爆炸式的增长，面对如此海量的视频数据，搜索所需信息及整合信息变得困难，怎样让用户对视频中对象的行为一目了然成为当下研究的难点。随着社会对用高科技方式构建安全社会环境的意识提高，以及对公共安全基础建设的大力投入，"智慧社区"正逐步覆盖各大城市，大量的监控设备被部署在社区的各个角落，而其带来的海量监控数据，使得对智慧社区监控视频目标行为识别分析等的研究越来越受到广泛关注。传统视频监控的采集和记录耗时耗力，已不再满足人们的需求，对监控视频进行自主分析，视频监控管理的智能化、自动化更符合当今社会人们的需求。智慧社区监控不同于传统的小区监控，由于室外环境及监控设施功能的限制，所处理的视频信息常存在人车遮挡、视频画面变形、光线暗淡、画面模糊等一系列的画面质量问题。如何解决这些难题，提高智慧社区安全防范程度，对社会安保、智能化监控研究具有重大意义。

监控视频系统为法治社会的公共安全提供了强而有力的证据链及规范作用。如何简单快速地实现利用监控视频对目标人物行为进行浓缩检索一直是各界人士关注的重点。就目前形势而言，单纯的视频监控系统研究已经非常深入，且得到广泛应用，但对监控视频目标行为浓缩方面的研究还不够广泛和深入。以往针对小区视频的研究应用功能单一，普通小区也一般追求简单操作可保证视频存储查阅即可，但随着居民安全意识以及生活水平的不断提高，智慧社区已开始追求对监控视频智能化的处理，但此方向的研究较少，需求空间大，因而面向智慧社区的监控视频目标行为浓缩系统拥有广阔的市场发展前景。

9.3.2　理论基础

9.3.2.1　系统技术框架

本书所实现的面向智慧社区的监控视频目标行为浓缩系统技术流程如图 9-20 所示。

首先对原始视频进行图像预处理，利用灰度变换预处理算法对视频进行改良，其次用帧间差分法得到前景运动目标且根据 HOG+SVM 实现对视频行人多目标检测跟踪，最后通过跟踪运动目标，提取出运动目标的轨迹序列，保存目标行为关键轨迹帧。系统关键在于如何准确地进行运动目标的检测和提取关键轨迹行为帧进行目标行为的浓缩。

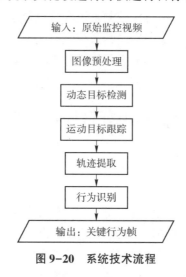

图 9-20　系统技术流程

9.3.2.2　图像预处理——图像增强

图像增强是为了解决图像灰度级范围小而影响对比度的问题，通过改变图像灰度级，就可以改善画质，提高视频帧像素等。灰度变换理论部分见 5.2.1 节，此处不再赘述。灰度变换前后的效果对比如图 9-21 所示，由图可知，经灰度变换后得到的视频帧更清晰，对比度更强，有利于下一步的实验。

（a）　　　　　　　　　　　　　　　（b）

图 9-21　灰度变换前后的效果对比（附彩插）

（a）原始视频帧；（b）灰度变换后的视频帧

9.3.2.3　目标检测

运动目标检测是系统必不可少的一个环节，只有目标检测满足系统要求，才可能准确地实现系统的功能需求，所以本节着重介绍目标检测的算法，通过对比多个算法得到最佳算法并应用到系统中。下面对帧间差分法和 HOG+SVM 方法展开详细介绍。

1）帧间差分法

因为监控视频是连续的，一段视频就是一段连续的视频帧序列，如果某物体是运动目标，则其在下一帧或下两帧的图像上的位置信息会产生明显的变动，据此可以确定运动目标，帧间差分法就是基于以上特性展开对目标的检测的。帧间差分法的本质是对视频流中相邻帧的灰度值进行差分运算，然后与所设阈值进行比较，从而区分出目标前景与背景，超过阈值的为目标前景，不超过的可以判定为背景，其原理图如图 9-22 所示。

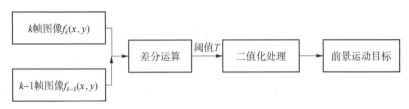

图 9-22　帧间差分法的原理图

设第 k 帧的图像为 $f_k(x,y)$，相邻帧的图像为 $f_{k-1}(x,y)$，将 $f_k(x,y)$ 与 $f_{k-1}(x,y)$ 做差分运算，得到差分图像 $D_k(x,y)$，如式（9-1）所示。

$$D_k(x,y) = |f_k(x,y) - f_{k-1}(x,y)| \tag{9-1}$$

将 D_k 与设定阈值 T 作比较，通过二值化处理得到前景目标的二值化图像，如式（9-2）所示。

$$D_k(x,y) = \begin{cases} 1, & D_k \geq T \\ 0, & \text{其他} \end{cases} \tag{9-2}$$

式中：1——图像灰度值设置为白色，表示差分图像二值化后的前景；

0——图像二值化后灰度值设置为黑色，表示差分图像二值化后的背景。

基于帧间差分法提取关键帧时，首先得出两幅图像之间的差值，然后根据得到的图像的平均像素强度来衡量其是否为关键帧。一旦出现视频中的前一帧与后一帧发生较大变化，就将其视为关键帧。

2）HOG+SVM 方法

HOG 特征，即方向梯度直方图特征，是一种在计算机视觉和图像处理中用来进行物体检测的特征描述子。结合 SVM 分类器的 HOG 特征已在各领域实现了其基本应用，法国的研究人员 Dalal 在 2005 年的 CVPR 中就提出了使用 HOG + SVM 方法实现行人检测，尽管现在不断有新的行人检测算法出现，但基本上都是基于 HOG + SVM 方法的。

HOG 特征的提取分为 3 步，第 1 步把图像划分为较小的连通区域，我们称其为细胞单元；第 2 步收集细胞单元的每个像素点的边缘方向直方图或梯度信息；第 3 步可以将这些直方图集合起来以形成特征描述器。然后，通过 SVM 将特征分类，即可实现图像目标检测。

使用帧间差分法和 HOG + SVM 方法实现目标检测如图 9-23 所示，由图可知，两种方法都能检测出场景中的运动目标。

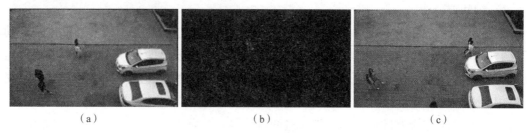

（a）　　　　　　　　　　（b）　　　　　　　　　　（c）

图 9-23　目标检测效果对比（附彩插）

（a）原始视频帧；（b）帧间差分法检测效果；（c）HOG+SVM 方法检测及简单跟踪效果

9.3.2.4　运动目标跟踪——卡尔曼滤波

卡尔曼滤波（Kalman 滤波）是一种利用线性系统状态方程，通过系统输入输出观测数据，对系统状态进行最优估计的算法。卡尔曼滤波主要依据运动物体前一时刻的位置，预测下一时刻的位置，然后在当前位置周围依靠全局特征对在时间上相邻的图片帧进行目标匹配以达到跟踪的效果。主要包括以下两个步骤。

（1）特征提取：通过提取运动目标的面积、跟踪窗口的宽度和高度以及目标区域的质心的特征，来跟踪每个运动对象。

（2）目标匹配：通过建立相似函数 $\Delta(i, j)$ 的 T_Δ 阈值来和匹配结果展开比较，以此分析 i 与 j 是否为同一运动目标的不同序列，若是，则视其为同一个运动目标。另外，T_Δ 还可以推断运动目标有没有出现被场景物体遮盖、离开监控视频范围等情况，并将目标来回进出监控场景等不易于提取轨迹的问题解决。

卡尔曼滤波实现目标跟踪的具体效果如图 9-24 所示，由图可知，跟踪目标框清晰且随着运动目标的移动而移动。

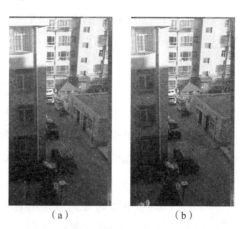

（a）　　　　　　　　　　（b）

图 9-24　目标跟踪效果（附彩插）

（a）前一帧检测效果；（b）后一帧检测效果

9.3.2.5　行为特征识别提取——颜色直方图

本系统设计的视频目标行为分析浓缩，目标的特征选择和提取是整个环节中非常重要的一部分。行为特征识别提取可配合目标检测，对目标行为的分类有巨大的意义。直方图是基于统计特征的特征描述子，广泛用于计算机视觉。其主要优点有两方面，一方面是对于任意图像区域，提取直方图特征都是快速便捷的；另一方面是直方图表征图像区域的统计特征，可以明确地说明多模态的特征分布，同时本身兼具旋转不变性。颜色直方图是目标跟踪领域中使用最广泛的描述符，颜色特征是全局特征，其阐述了图像相对应的场景景物的表面属性。

图像中颜色组成的分布即为图像的颜色直方图，它表明存在不同类型的颜色，并标明各个颜色的像素点数。颜色直方图也表示为"三色直方图"，每个直方图都显示红色/绿色/蓝色通道的亮度分布，即将颜色信息用直方图的方式进行量化展示，和灰度直方图相似，计算分析图像中各个颜色出现的频数，最后获得的就是颜色的直方图展示。

9.3.3 系统的设计与实现

9.3.3.1 系统功能架构

面向智慧社区的监控视频目标行为浓缩系统的功能架构如图 9-25 所示。

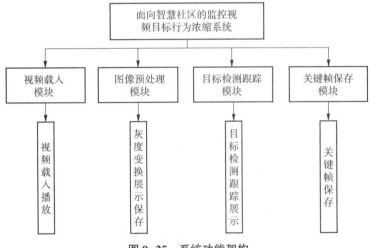

图 9-25 系统功能架构

图 9-25 中各模块功能介绍如下。

（1）视频载入模块：这是系统最基本的功能模块，包括基本的导入原始视频和播放已导入视频的功能；具有选择视频，播放、暂停视频，查看播放视频进度条的功能。

（2）图像预处理模块：这是系统处理视频信息的初步模块，包括利用图像增强和图像去噪两种方法达到改善视频图像质量、提高清晰度和可辨识度，便于人和计算机对图像进行进一步分析和处理的功能。

（3）目标检测跟踪模块：这是系统的核心功能模块，包括在图像序列中对运动目标进行判断，并准确分割出运动目标；识别出目标同时对其进行精准定位，获取目标运动的次数，从而进行下一步的处理分析，实现对运动目标的行为理解等功能。

（4）关键帧保存模块：这是系统的重要存储模块，包括对视频目标行为关键帧保存等功能。

面向智慧社区的监控视频目标行为浓缩系统的技术框架决定了该系统的模块化非常明显，模块之间是并行的关系且彼此影响不大，所以遵从"高内聚、低耦合"的设计原则实现该系统，也会为系统的扩展及各个模块算法的替换提供便捷。

9.3.3.2 视频载入模块

视频载入模块包括两方面功能：

（1）视频载入功能：代码中写入存储视频路径，以使要处理的原始视频出现在右边列表框中，双击列表框各个视频素材的相应按钮以打开对应的视频；

（2）视频播放功能：可以对导入的视频进行基本的选择、播放、暂停、进度条显示等辅助功能。

视频载入模块流程如图 9-26 所示。

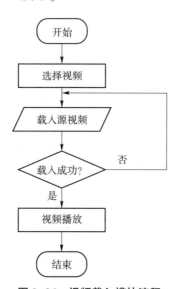

图 9-26　视频载入模块流程

9.3.3.3 图像预处理模块

图像预处理模块包括两方面功能：

（1）图像增强过程展示功能：可以将图像预处理中的视频的实时处理过程在主面板上进行展示；

（2）图像预处理结果保存功能：可以将图像预处理后的视频生成新的保存路径以 AVI 文件的形式保存在路径上，等待预处理完成，导出处理视频生成的 AVI 文件，在相应路径打开视频，如果成功，即保存成功。

图像预处理模块流程如图 9-27 所示。

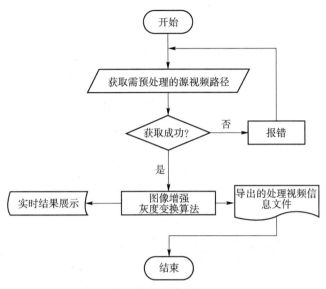

图 9-27　图像预处理模块流程

9.3.3.4　目标检测跟踪模块

目标检测跟踪模块包括两方面功能：

（1）目标检测跟踪展示功能：可以将视频行人实时检测跟踪过程在主面板上进行展示，包括帧间差分法检测运行过程，利用 HOG+SVM 方法和卡尔曼滤波对目标检测跟踪过程中的实时处理结果；

（2）视频检测信息展示功能：可以将视频检测跟踪 ID 等在画面左上方及 Python 主界面上进行导出。目标检测跟踪模块流程如图 9-28 所示。

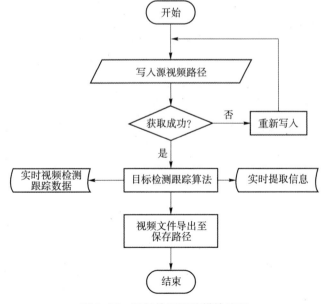

图 9-28　目标检测跟踪模块流程

9.3.3.5 关键帧保存模块

关键帧保存模块的主要功能是将监控视频目标行为的关键帧提取出来并保存到本地视频片段库中。关键帧保存模块流程如图 9-29 所示。

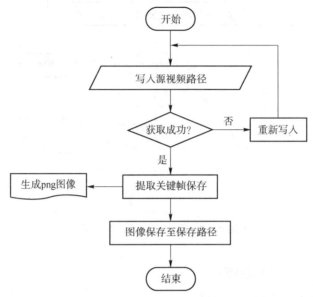

图 9-29 关键帧保存模块流程

9.3.4 总结

本节从图像处理应用的目的出发，设计并实现了"面向智慧社区的监控视频目标行为浓缩系统"，介绍了系统所使用的算法等相关理论，并对系统的设计与实现过程进行了详细描述，展现其实际应用价值。本节案例解析详细，读者可学习借鉴。

参考文献

[1] 贾永红. 数字图像处理 [M]. 武汉：武汉大学出版社，2015.

[2] 徐杰. 数字图像处理 [M]. 武汉：华中科技大学出版社，2009.

[3] 王慧琴. 数字图像处理 [M]. 北京：北京邮电大学出版社，2006.

[4] 霍宏涛. 数字图像处理 [M]. 北京：北京理工大学出版社，2002.

[5] 秦志远，李超群. 数字图像处理 [M]. 北京：解放军出版社，2004.

[6] 张岩. MATLAB 图像处理超级学习手册 [M]. 北京：人民邮电出版社，2014.

[7] 章毓晋. 图像处理和分析教程 [M]. 3 版. 北京：人民邮电出版社，2020.

[8] 章毓晋. 图像理解 [M]. 4 版. 北京：清华大学出版社，2018.

[9] 章毓晋. 图像分析 [M]. 4 版. 北京：清华大学出版社，2018.

[10] 高隽，谢昭. 图像理解理论与方法 [M]. 北京：科学出版社，2009.

[11] 高新波，李洁，田春娜. 现代图像分析 [M]. 西安：西安电子科技大学出版社，2011.

[12] [法] 玛蒂娜·乔丽. 图像分析 [M]. 怀宇，译. 天津：天津人民出版社，2012.

[13] KENNETH R C. Digital Image Processing [M]. Upper Saddle River：Prentice Hall，1995.

[14] PRATT W K. Digital Image Processing [M]. Fourth Edition. New Jersey：John Wiley&Sons, Inc. 2006.

[15] BURGER W，BURGE M J. Digital Image Processing [M]. Berlin：Springer，2016.

[16] 赵荣椿，赵忠明，张艳宁，等. 数字图像处理 [M]. 西安：西北工业大学出版社，2016.

[17] 吴立德. 计算机视觉 [M]. 上海：复旦大学出版社，1993.

[18] 俞自萍. 颜色视觉与色盲 [M]. 贵阳：贵州人民出版社，1988.

[19] 吴娱. 数字图像处理 [M]. 北京：北京邮电大学出版社，2017.

[20] RAFAEL C G，RICHARD E W. 数字图像处理 [M]. 阮秋琦，阮宇智，译. 北京：电子工业出版社，2017.

[21] 刘成龙. 科学与工程计算丛书 MATLAB 图像处理 [M]. 北京：清华大学出版社，2017.

[22] 孙华东. 基于 MATLAB 的数字图像处理 [M]. 北京：电子工业出版社，2020.

[23] 刘玮，魏龙生. 计算机视觉中的目标特征模型和视觉注意模型 [M]. 武汉：华中科技大学出版社，2016.

[24] 刘传才. 图像理解与计算机视觉 [M]. 厦门：厦门大学出版社，2002.

[25] 彭真明，雍杨，杨先明. 光电图像处理及应用 [M]. 成都：电子科技大学出版社，2013.

[26] 朱秀昌，刘峰，胡栋. 数字图像处理与图像信息 [M]. 北京：北京邮电大学出版社，2016.

[27] 贾永红，何彦霖，黄艳. 数字图像处理技巧 [M]. 武汉：武汉大学出版社，2017.

[28] 伯特霍尔德·霍恩. 机器视觉 [M]. 王亮，蒋欣兰，译. 北京：中国青年出版

社，2014.

[29] 詹姆斯·彼得斯. 计算机视觉基础［M］. 章毓晋，译. 北京：清华大学出版社，2019.

[30] VIPIN T. Understanding Digital Image Processing［M］. Boca Raton：CRC Press，2018.

[31] 张小波. 图像处理的基本方法［M］. 长春：吉林大学出版社，2019.

[32] 岳亚伟. 数字图像处理与 Python 实现［M］. 北京：人民邮电出版社，2020.

[33] 游福成. 数字图像处理［M］. 北京：电子工业出版社，2011.

[34] 龙泽斌. 几何变换［M］. 长沙：湖南科学技术出版社，1984.

[35] 赵荣椿，赵忠明，赵歆波. 数字图像处理与分析［M］. 北京：清华大学出版社，2013.

[36] 章毓晋. 图像处理基础教程［M］. 北京：电子工业出版社，2012.

[37] 杨丹，赵海滨，龙哲，等. MATLAB 图像处理实例详解［M］. 北京：清华大学出版社，2013.

[38] 张弘. 数字图像处理与分析［M］. 2 版. 北京：机械工业出版社，2013.

[39] 何明一，卫保国. 数字图像处理［M］. 北京：科学出版社，2008.

[40] 张强，王正林. 精通 MATLAB 图像处理［M］. 2 版. 北京：电子工业出版社，2012.

[41] 刘富强，王新红，宋春林，等. 数字视频图像处理与通信［M］. 北京：机械工业出版社，2010.

[42] 张德丰. 数字图像处理（MATLAB 版）［M］. 北京：人民邮电出版社，2009.

[43] RAFAEL C G，RICHARD E W. 数字图像处理（英文版）［M］. 北京：电子工业出版社，2010.

[44] RAFAEL C G，RICHARD E W. 数字图像处理［M］. 阮秋琦，译. 北京：电子工业出版社，2011.

[45] RAFAEL C G，RICHARD E W，STEVEN L E. 数字图像处理（MATLAB 版）［M］. 阮秋琦，译. 北京：电子工业出版社，2014.

[46] 刘艳玉. 基于直方图和小波变换的图像数字水印算法研究［M］. 徐州：中国矿业大学出版社，2009.

[47] 张琳，李小平. 基于小波变换的车辆识别系统研究［M］. 北京：中国电力出版社，2010.

[48] 倪林. 小波变换与图像处理［M］. 合肥：中国科技大学出版社，2010.

[49] 鲁溟峰，张峰，陶然. 分数傅里叶变换域数字化与图像处理［M］. 北京：北京理工大学出版社，2016.

[50] 孙延奎. 小波变换与图像、图形处理技术［M］. 北京：清华大学出版社，2012.

[51] 耿则勋，邢帅，魏小峰. 小波变换及在遥感图像处理中的应用［M］. 北京：测绘出版社，2016.

[52] 布拉斯维尔. 傅里叶变换及其应用［M］. 杨燕昌，译. 北京：人民邮电出版社，1986.

[53] 刘培森. 应用傅里叶变换［M］. 北京：北京理工大学出版社，1990.

[54] 程佩青. 数字滤波与快速傅里叶变换［M］. 北京：清华大学出版社，1990.

[55] 卡米赛提·拉姆莫汉·饶，金道年，黄在静. 快速傅里叶变换：算法与应用［M］. 万帅，杨付正，译. 北京：机械工业出版社，2016.

[56] 蒋长锦，蒋勇. 快速傅里叶变换及其 C 程序［M］. 合肥：中国科学技术大学出版

社，2004.

[57] 余嘉，方杰，许可. 基于加权小波的 DCT 人脸识别算法研究 [J]. 计算机工程与应用，2012，48 (17)：199-202，237.

[58] 邓泽峰，熊有伦. 基于频域方法的运动模糊方向识别 [J]. 光电工程，2007 (10)：98-101.

[59] 熊炜，贾锈闵，金靖熠，等. 基于 MD-LinkNet 的低质量文档图像二值化算法 [J]. 光电子·激光，2019，30 (12)：1331-1338.

[60] DONG G G, LIU H W, KUANG G Y, et al. Target Recognition in SAR Images Via Sparse Representation in the Frequency Domain [J]. Pattern Recognition, 2019, 96.

[61] 王忠华. 红外图像增强与目标检测研究 [M]. 南昌：江西科学技术出版社，2018.

[62] 孙华魁. 数字图像处理与识别技术研究 [M]. 天津：天津科学技术出版社，2019.

[63] 余胜威，丁建明，吴婷，等. MATLAB 图像滤波去噪分析及其应用 [M]. 北京：北京航空航天大学出版社，2015.

[64] 梁军，贾海鹏. 视频图像处理与性能优化 [M]. 北京：机械工业出版社，2017.

[65] 吴炜，陶青川. 基于学习的图像增强技术 [M]. 西安：西安电子科技大学出版社，2013.

[66] 杜军平，梁美玉，訾玲玲. 跨尺度运动图像的插值、增强与重建 [M]. 北京：北京邮电大学出版社，2019.

[67] 杨淼，龚成龙. 水下光视觉图像复原与增强研究 [M]. 北京：海洋出版社，2018.

[68] 周峥. 图像增强算法及应用研究 [D]. 北京工业大学，2012.

[69] 李红，王瑞尧，耿则勋，等. 基于多尺度梯度域引导滤波的低照度图像增强算法 [J]. 计算机应用，2019，39 (10)：3046-3052.

[70] 朱明胜. 图像增强技术研究与实现 [D]. 安徽大学，2014.

[71] 赵春丽，董静薇，徐博，等. 融合直方图均衡化与同态滤波的雾天图像增强算法研究 [J]. 哈尔滨理工大学学报，2019，24 (06)：93-97.

[72] 刘佳敏，何宁. 基于改进同态滤波的低对比度图像增强 [J]. 计算机应用与软件，2020，37 (03)：220-224.

[73] 韩鹏飞. 低照度全景图像增强算法研究 [D]. 西安邮电大学，2019.

[74] 刘成. 警用模糊图像增强系统 [D]. 中国人民公安大学，2019.

[75] PANKAJ K, ASHISH K B, ANURAG S. A Novel Reformed Histogram Equalization Based Medical Image Contrast Enhancement Using Krill Herd Optimization [J]. Biomedical Signal Processing and Control, 2020, 56.

[76] 汤丽娟. 基于视觉感知表示的图像质量评价方法研究 [M]. 徐州：中国矿业大学出版社，2020.

[77] 张彬，于欣妍，朱永贵. 图像复原优化算法 [M]. 北京：国防工业出版社，2019.

[78] 卓力，王素玉，李晓光. 图像/视频的超分辨率复原 [M]. 北京：人民邮电出版社，2011.

[79] 李俊山，杨亚威，张姣. 图像复原技术 [M]. 北京：科学出版社，2020.

[80] 王小玉. 图像去噪复原方法研究 [M]. 北京：电子工业出版社，2017.

［81］余胜威，丁建明，吴婷，等. MATLAB 图像滤波去噪分析及其应用［M］. 北京：北京航空航天大学出版社，2015.

［82］刘伟，董国华. 随机控制与滤波技术［M］. 北京：国防工业出版社，2016.

［83］杨爱萍，郑佳，王建，等. 基于颜色失真去除与暗通道先验的水下图像复原［J］. 电子与信息学报，2015（11）：2541-2547.

［84］徐梦溪，杨芸. 超分辨率图像视频复原方法及应用［M］. 北京：人民邮电出版社，2020.

［85］马爽. 纹理图像智能修补关键技术研究［D］. 华北电力大学出版社，2015.

［86］卢雯霞. 基于样本块的数字图像修复算法研究［D］. 天津大学出版社，2017.

［87］汲斌斌. 数字图像修复技术应用于文物领域的研究［J］. 文物鉴定与鉴赏，2015（5）：100-101.

［88］沈峘，李舜酩，毛建国，等. 数字图像复原技术综述［J］. 中国图像图形报，2009，14（9）：1765-1775.

［89］TAN L，LIU W Q，PAN Z K. Color Image Restoration and Inpainting Via Multi channel Total Curvature［J］. Applied Mathematical Modelling，2018，61：280-299.

［90］KARACA E，TUNGA M A. An Interpolation-based Texture and Pattern Preserving Algorithm for Inpainting Color Images［J］. Expert Systems With Applications，2018，61（Jan）：223-234.

［91］李高平. 分形法图像压缩编码［M］. 成都：西南交通大学出版社，2010.

［92］罗强. 图像压缩编码方法［M］. 西安：西安电子科技大学出版社，2013.

［93］曹喜信，彭春干. 视频图像编码 VLSI 设计［M］. 北京：清华大学出版社，2014.

［94］孙燮华. 图像加密算法与实践——基于C#语言实现［M］. 北京：科学出版社，2013.

［95］比奇. 视频压缩宝典［M］. 田尊华，程钢，译. 北京：清华大学出版社，2009.

［96］王相海，宋传鸣. 图像及视频的可分级编码［M］. 北京：科学出版社，2009.

［97］冯玉珉，邵玉明. 数据图像压缩编码［M］. 北京：中国铁道出版社，1993.

［98］曾文曲，文有为，孙炜. 分形小波与图像压缩［M］. 沈阳：东北大学出版社，2002.

［99］李在铭. 数字图像处理、压缩与识别技术［M］. 成都：电子科技大学出版社，2000.

［100］姚庆栋，毕厚杰. 图像编码基础［M］. 杭州：浙江大学出版社，1993.

［101］苏军. 数字图像处理算法典型实例与工程案例［M］. 西安：西安电子科技大学出版社，2019.

［102］田宝玉. 信源编码原理与应用［M］. 北京：北京邮电大学出版社，2015.

［103］邓家先，康耀红. 信息论与编码［M］. 西安：西安电子科技大学出版社，2007.

［104］曹雪虹，张宗橙. 信息论与编码［M］. 北京：北京邮电大学出版社，2001.

［105］蔡士杰，岳华，刘小燕. 连续色调静止图像的压缩与编码 JPEG［M］. 南京：南京大学出版社，1995.

［106］刘衍琦，詹福宇. MATLAB 图像与视频处理实用案例详解［M］. 北京：电子工业出版社，2015.

［107］赵小川. MATLAB 图像处理［M］. 北京：北京航空航天大学出版社，2019.

［108］范九伦. 灰度图像阈值分割法［M］. 北京：科学出版社，2019.

[109] 刘占文. 基于视觉显著性的图像分割 [M]. 西安：西安电子科技大学出版社, 2019.

[110] 龙建武, 张建勋, 田芳, 等. 智能图像分割技术 [M]. 北京：科学出版社, 2017.

[111] 曹建农. 图像分割方法研究 [M]. 西安：西安地图出版社, 2006.

[112] 任会之, 孙申申. 图像检测与分割方法及其应用 [M]. 北京：机械工业出版社, 2018.

[113] 肖鹏峰, 冯学智. 高分辨率遥感图像分割与信息提取 [M]. 北京：科学出版社, 2012.

[114] 隋毅, 张琦, 刘晨. 数据挖掘与图像分割 [M]. 哈尔滨：黑龙江人民出版社, 2015.

[115] 李林国, 李淑敬. 基于智能优化的模糊多阈值图像分割算法 [M]. 成都：电子科技大学出版社, 2019.

[116] 徐志刚, 朱红雷. 数字图像处理教程 [M]. 北京：清华大学出版社, 2019.

[117] 张广渊. 数字图像处理 [M]. 北京：中国水利水电出版社, 2019.

[118] 刘仁云, 孙秋成, 王春艳. 数字图像中边缘检测算法研究 [M]. 北京：科学出版社, 2015.

[119] 双小川. 图像边缘检测与手写体数字识别研究 [M]. 徐州：中国矿业大学出版社, 2012.

[120] 蔡利梅, 王利娟. 数字图像处理——使用 MATLAB 分析与实现 [M]. 北京：清华大学出版社, 2019.

[121] 赵小川. MATLAB 图像处理：程序实现与模块化仿真 [M]. 北京：北京航空航天大学出版社, 2014.

[122] 赵小川. MATLAB 图像处理：能力提高与应用案例 [M]. 北京：北京航空航天大学出版社, 2014.

[123] 周品. MATLAB 图像处理与图形用户界面设计 [M]. 北京：清华大学出版社, 2013.

[124] 杨露菁, 吉文阳, 郝卓楠, 等. 智能图像处理及应用 [M]. 北京：中国铁道出版社, 2019.

[125] 彭真明, 雍杨, 杨先明. 光电图像处理及应用 [M]. 成都：电子科技大学出版社, 2013.

[126] 段大高, 王建勇. 图像处理与应用 [M]. 北京：北京邮电大学出版社, 2013.

[127] 宁书年, 吕松棠, 杨小勤, 等. 遥感图像处理与应用 [M]. 北京：地震出版社, 1995.

[128] 谢凤英, 赵丹培, 李露, 等. 数字图像处理及应用 [M]. 北京：电子工业出版社, 2016.

[129] 张培珍. 数字图像处理及应用 [M]. 北京大学出版社, 2015.

[130] 师阳, 闫丽丽, 文韬, 等. 基于 OpenCV 的人脸识别应用 [J]. 电脑编程技巧与维护, 2018 (07)：140-141, 144.

[131] 陆畅, 陈东焰, 俞浩. 基于 OpenCV 视觉库和树莓派的人脸识别门禁系统 [J]. 科技创新导报, 2019, 16 (02)：152-154, 156.

[132] 马帅. 基于树莓派的人脸识别门禁系统设计与实现 [D]. 大连交通大学, 2018.

[133] 李叶. 城市安防系统中行为识别技术的研究与实现 [D]. 电子科技大学, 2013.

[134] 张明军, 俞文静, 袁志, 等. 视频中目标检测算法研究 [J]. 软件, 2016, 37 (4): 40-45.

[135] 刘健. 基于监控的视频摘要的研究与实现 [D]. 西安电子科技大学, 2014.

[136] YREN S, HE K, GIRSHICK R, et al. Faster r-cnn: Towards Real-time Object Detection with Region Roposal Networks [C]//Advances in neural information processing systems. 2015: 91-99.

[137] REDMON J, FARHADI A. YOLO9000: Better, Faster, Stronger [C]//Proceedings of the IEEE conference on computer vision and pattern recognition. 2017: 7263-7271.

[138] ZHOU K, YUAN Y H. A Smart Ammunition Library Management System Based on Raspberry Pie [J]. Elsevier B. V., 2020, 166.